Pratiquer

Eureka Math
Maîtrise de la 2ᵉ année Modules 1–5

Great Minds PBC is the creator of Eureka Math®,
Wit & Wisdom®, Alexandria Plan™, and PhD Science™.

Published by Great Minds PBC. greatminds.org

Copyright © 2020 Great Minds PBC. All rights reserved. No part of this work may be reproduced or used in any form or by any means—graphic, electronic, or mechanical, including photocopying or information storage and retrieval systems—without written permission from the copyright holder.

ISBN 978-1-64929-075-5

1 2 3 4 5 6 7 8 9 10 XXX 25 24 23 22 21 20

Printed in the USA

Apprendre ◆ Pratiquer ◆ Réussir

Le matériel pédagogique d'*Eureka Math*® pour *A Story of Units*® (K-5) est proposé dans le trio *Apprendre, Pratiquer, Réussir*. Cette série prend en charge la différenciation et la remédiation tout en gardant les documents pour les étudiants organisés et accessibles. Les éducateurs constateront que la série *Apprendre, Pratiquer* et *Réussir* propose également des ressources cohérentes—et donc plus efficaces— pour la réponse à l'intervention (RAI), la pratique supplémentaire et l'apprentissage pendant l'été.

Apprendre

Eureka Math® *Apprendre* sert de compagnon de classe aux étudiants, où ils montrent leurs réflexions, partagent ce qu'ils savent et voient leurs connaissances s'enrichir chaque jour. *Apprendre* rassemble le travail quotidien en classe—Problèmes d'application, Tickets de sortie, Ensembles de problèmes, Modèles—dans un volume organisé et facilement navigable.

Pratiquer

Chaque leçon *Eureka Math*® commence par une série d'activités de maîtrise énergiques et joyeuses, y compris celles se trouvant dans *Eureka Math*® *Pratiquer*. Les élèves qui maîtrisent déjà leurs savoirs en mathématiques peuvent acquérir une plus grande maîtrise pratique, encore plus approfondie. Avec *Pratiquer*, les élèves acquièrent des compétences dans les savoirs nouvellement acquis et renforcent leurs apprentissages antérieurs en vue de la leçon suivante.

Ensemble, *Apprendre* et *Pratiquer* fournissent tout le matériel imprimé que les élèves utiliseront pour leur enseignement fondamental des mathématiques.

Réussir

Eureka Math® *Réussir* permet aux élèves de travailler individuellement vers leur maîtrise. Ces Ensembles additionnels de problèmes font correspondre chaque leçon à l'enseignement en classe, ce qui les rend idéaux comme devoirs ou entraînements supplémentaires. Chaque Ensemble de problèmes est accompagné d'une Aide aux devoirs, un ensemble d'exemples concrets qui illustrent comment résoudre des problèmes similaires.

Les enseignants et les tuteurs peuvent utiliser les livres *Réussir* des niveaux précédents comme outils cohérents avec le programme pour combler des lacunes dans les connaissances fondamentales. Les élèves s'épanouiront et progresseront plus rapidement parce que les modèles familiers facilitent les connexions au contenu de leur niveau scolaire actuel.

Élèves, familles et éducateurs :

Merci de faire partie de la communauté *Eureka Math®* qui célèbre la passion, l'émerveillement et le plaisir des mathématiques. L'une des marques de notre enthousiasme les plus évidentes est la maîtrise des activités proposées dans *Eureka Math® Pratiquer*.

Qu'est-ce que la maîtrise en mathématiques ?

Vous associez peut-être la maîtrise aux arts du langage, où ce terme désigne la facilité à communiquer à l'oral et à l'écrit. De la maternelle à la 5e année, le programme *Eureka Math®* offre de multiples occasions quotidiennes de développer la maîtrise des mathématiques. Tous sont conçus avec la même notion à l'esprit : permettre à chaque élève d'utiliser les mathématiques avec facilité. La maîtrise des expériences se caractérise généralement par un rythme rapide et énergique, qui récompense les progrès réalisés et se concentre sur la reconnaissance des schémas et des connexions au sein de la matière étudiée. Ces exercices ne sont pas destinés à être notés.

Les exercices de maîtrise de mathématiques d'*Eureka Math®* permettent une pratique différenciée à travers une variété de formats : certains sont effectués à l'oral, d'autres à l'aide de supports à manipuler, d'autres encore à l'aide d'une ardoise et d'autres encore à l'aide de documents à distribuer et d'un format papier-crayon. Les exercices d'*Eureka Math® Pratiquer* fournissent à chaque étudiant les exercices de maîtrise imprimés à son niveau.

Qu'est-ce qu'un Sprint ?

De nombreuses activités de maîtrise de la langue écrite utilisent le format appelé « Sprint ». Ces exercices renforcent la vitesse et la précision avec les compétences déjà acquises. Utilisé lorsque les étudiants approchent d'un niveau de compétence optimal, le Sprint permet d'exploiter cette cadence pour produire une poussée d'adrénaline à faible enjeu qui augmente la mémorisation. La conception des Sprints les rend intrinsèquement différenciés ; les problèmes vont du plus simple au plus complexe, le premier quadrant de problèmes étant le plus simple et chaque quadrant suivant ajoutant de la complexité. En outre, les schémas intentionnels dans la séquence des problèmes font appel aux capacités de réflexion supérieures des élèves.

Le format proposé pour la réalisation d'un Sprint prévoit que les élèves effectuent deux sprints consécutifs (appelés A et B) sur la même compétence, chacun chronométré à une minute. Les élèves font une pause entre des Sprints pour articuler les motifs qu'ils ont remarqués en travaillant le premier sprint. Le fait de remarquer les schémas leur permet d'améliorer naturellement leurs performances lors du deuxième Sprint.

Les Sprints peuvent également être effectués de façon non chronométrée. Il est fortement recommandé de ne pas chronométrer lorsque les étudiants sont encore en train de se familiariser avec le niveau de complexité du premier quadrant de problèmes. Une fois que tous les élèves sont prêts à réussir le sprint, le travail d'amélioration de la vitesse et de la précision avec l'énergie d'un protocole chronométré se révèle souvent bienvenu et stimulant.

Où puis-je trouver d'autres activités de maîtrise ?

La version pour enseignants d'*Eureka Math®* guide les éducateurs pour la réalisation de toutes les activités de maîtrise de la langue pour chaque leçon, y compris celles qui ne nécessitent pas de matériel imprimé. En outre, la *suite numérique Eureka* donne accès aux activités de fluidité pour tous les niveaux scolaires, avec une recherche par norme ou par leçon.

Meilleurs vœux pour une année remplie de découvertes !

Jill Diniz
Directrice des mathématiques
Great Minds®

Table des matières

Module 1

Leçon 1 : Sprint : Additionner un dix et des unités 3

Leçon 1 : Tir sur cible 7

Leçon 2 : Sprint : Additionner des dix et des unités 9

Leçon 3 : Sprint : Faits liés 13

Module 2

Leçon 1 : Sprint : Avant, entre, après 19

Leçon 3 : Sprint : Faire dix 23

Leçon 4 : Sprint : Faits liés 27

Leçon 6 : Sprint : Trouver la plus grande longueur 31

Leçon 7 : Sprint : Soustraction 35

Leçon 8 : Sprint : Faire un mètre 39

Module 3

Leçon 3: Sprint : Différences à 10 avec les numéros entre 10 et 19 45

Leçon 4 : Sprint : Additionner pour faire des numéros entre 10 et 19 49

Leçon 7 : Sprint : Forme développée 53

Leçon 10 : Sprint : Plus de forme développée 57

Leçon 11 : Sprint : Addition et soustraction jusqu'à 10 61

Leçon 12 : Sprint : Sommes jusqu'à 10 avec les numéros entre 10 et 19 65

Leçon 13 : Sprint : Valeur de position en comptant à 100 69

Leçon 14 : Sprint : Revue de la soustraction avec les numéros entre 10 et 19 73

Leçon 15 : Sprint : Notation développée 77

Leçon 16 : Sprint : Sommes—Traverser une dizaine 81

Leçon 17 : Sprint : Sommes—Traverser une dizaine 85

Leçon 18 : Sprint : Sommes—Traverser une dizaine 89

Leçon 19 : Sprint : Différences 93

Leçon 20 : Sprint : Différences 97

Leçon 21 : Sprint : Différences 101

Copyright © Great Minds PBC

Module 4

Leçon 3 : Sprint : Additionner et soustraire des dizaines et des unités	107
Leçon 9 : Sprint : Additionner des numéros entre 10 et 19	111
Leçon 10 : Sprint : Soustraction de numéros entre 10 et 19	115
Leçon 13 : Sprint : Modèles de soustraction	119
Leçon 15 : Sprint : Soustraction à deux chiffres	123
Leçon 18 : Sprint : Addition en traversant une dizaine	127
Leçon 20 : Sprint : Addition en traversant une dizaine	131
Leçon 23 : Sprint : Modèles de soustraction	135
Leçon 26 : Sprint : Modèles de soustraction	139
Leçon 27 : Sprint : Soustraction d'une dizaine ou d'une centaine	143
Leçon 30 : Sprint : Soustraction en traversant une dizaine	147

Module 5

Leçon 3 : Sprint : Addition des dizaines et des unités	153
Leçon 4 : Sprint : Soustraction des dizaines et des unités	157
Leçon 8 : Sprint : Addition à deux chiffres	161
Leçon 10 : Sprint : Addition en traversant une dizaine	165
Leçon 12 : Sprint : Compensation-addition	169
Leçon 14 : Ensemble de pratiques de base pour la maîtrise A–E	173
Leçon 16 : Sprint : Soustraction des numéros entre 10 et 19	183
Leçon 17 : Sprint : Soustraction en traversant une dizaine	187

2ᵉ année
Module 1

UNE HISTOIRE D'UNITÉS Leçon 1 Sprint 2•1

A

Nom _____ Date _____

Réponses correctes : _____

Additionner une dizaine et des unités

1.	10 + 1 = ____	16.	3 + 10 = ____
2.	10 + 2 = ____	17.	4 + 10 = ____
3.	10 + 4 = ____	18.	1 + 10 = ____
4.	10 + 3 = ____	19.	2 + 10 = ____
5.	10 + 5 = ____	20.	5 + 10 = ____
6.	10 + 6 = ____	21.	____ = 10 + 5
7.	____ = 10 + 1	22.	____ = 10 + 8
8.	____ = 10 + 4	23.	____ = 10 + 9
9.	____ = 10 + 3	24.	____ = 10 + 6
10.	____ = 10 + 5	25.	____ = 10 + 7
11.	____ = 10 + 2	26.	16 = ____ + 6
12.	10 + 6 = ____	27.	8 + ____ = 18
13.	10 + 9 = ____	28.	____ + 10 = 17
14.	10 + 7 = ____	29.	19 = ____ + 10
15.	10 + 8 = ____	30.	18 = 8 + ____

Leçon 1 : Faire des dizaines et additionner des dizaines.

EUREKA MATH

Copyright © Great Minds PBC

UNE HISTOIRE D'UNITÉS Leçon 1 Sprint 2•1

B

Amélioration : _____ Réponses correctes :

Nom _____ Date _____

Additionner une dizaine et des unités

1.	10 + 5 = ____	16.	4 + 10 = ____
2.	10 + 4 = ____	17.	3 + 10 = ____
3.	10 + 3 = ____	18.	2 + 10 = ____
4.	10 + 2 = ____	19.	1 + 10 = ____
5.	10 + 1 = ____	20.	3 + 10 = ____
6.	10 + 5 = ____	21.	____ = 10 + 6
7.	____ = 10 + 4	22.	____ = 10 + 9
8.	____ = 10 + 2	23.	____ = 10 + 5
9.	____ = 10 + 1	24.	____ = 10 + 7
10.	____ = 10 + 3	25.	____ = 10 + 8
11.	____ = 10 + 4	26.	17 = ____ + 7
12.	10 + 6 = ____	27.	3 + ____ = 13
13.	10 + 7 = ____	28.	____ + 10 = 16
14.	10 + 9 = ____	29.	18 = ____ + 10
15.	10 + 8 = ____	30.	17 = 7 + ____

Leçon 1 :   Faire des dizaines et additionner des dizaines.

Tir sur cible

Nombre cible :

Choisis un chiffre cible et écris-le au milieu du cercle en haut de la page. Lance un dé. Écris le nombre obtenu dans le cercle au bout d'une des flèches. Ensuite, atteint le milieu de la cible en inscrivant le nombre requis dans l'autre cercle.

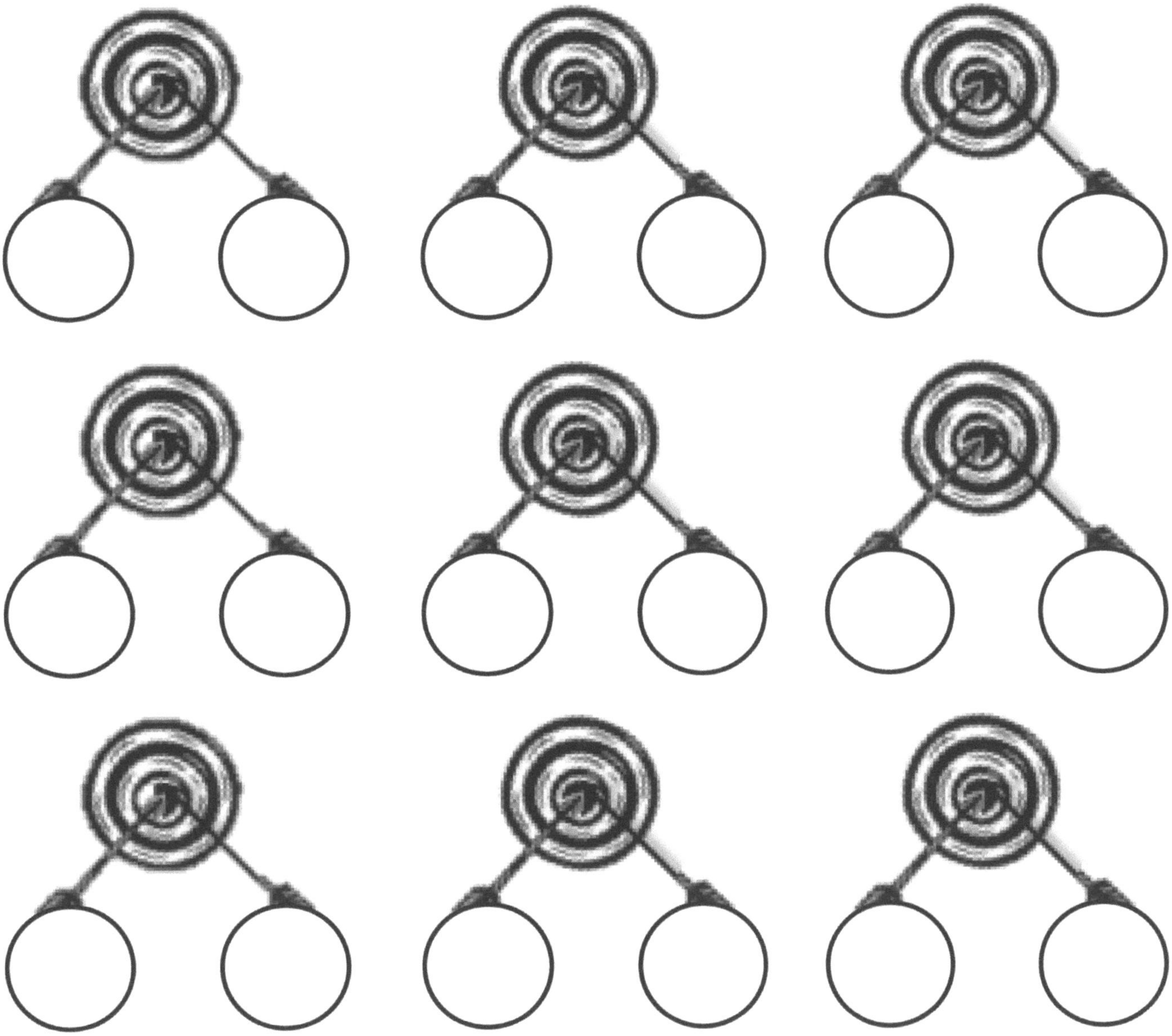

Entraînement avec une cible

Leçon 1 : Faire des dizaines et additionner des dizaines.

UNE HISTOIRE D'UNITÉS Leçon 2 Sprint 2•1

A

Nom _____
Date _____

Réponses correctes : _____

Additionner des dizaines et des unités

1.	10 + 3 = ____	16.	10 + ____ = 13
2.	20 + 2 = ____	17.	40 + ____ = 42
3.	30 + 4 = ____	18.	60 + ____ = 61
4.	50 + 3 = ____	19.	70 + ____ = 75
5.	20 + 5 = ____	20.	80 + ____ = 83
6.	50 + 5 = ____	21.	60 + 9 = ____
7.	____ = 40 + 1	22.	80 + 9 = ____
8.	____ = 20 + 4	23.	80 + ____ = 86
9.	____ = 20 + 3	24.	90 + ____ = 97
10.	____ = 30 + 5	25.	____ + 6 = 76
11.	____ = 40 + 5	26.	____ + 6 = 86
12.	30 + 6 = ____	27.	86 = ____ + 6
13.	20 + 9 = ____	28.	____ + 60 = 67
14.	40 + 7 = ____	29.	95 = ____ + 90
15.	50 + 8 = ____	30.	97 = 7 + ____

Leçon 2 : Faire une dizaine et additionner un multiple de dix.

EUREKA MATH

Copyright © Great Minds PBC

B

Amélioration : _____ Réponses correctes :

Nom _____ Date _____

Additionner des dizaines et des unités

1.	10 + 2 = ____	16.	10 + ____ = 12
2.	20 + 3 = ____	17.	40 + ____ = 42
3.	30 + 4 = ____	18.	60 + ____ = 61
4.	50 + 4 = ____	19.	70 + ____ = 75
5.	40 + 5 = ____	20.	80 + ____ = 83
6.	50 + 1 = ____	21.	70 + 8 = ____
7.	____ = 50 + 1	22.	80 + 8 = ____
8.	____ = 20 + 4	23.	70 + ____ = 76
9.	____ = 20 + 2	24.	90 + ____ = 99
10.	____ = 30 + 5	25.	____ + 8 = 78
11.	____ = 40 + 3	26.	____ + 6 = 96
12.	30 + 7 = ____	27.	86 = ____ + 6
13.	20 + 8 = ____	28.	____ + 60 = 67
14.	40 + 9 = ____	29.	95 = ____ + 90
15.	50 + 6 = ____	30.	97 = 7 + ____

Leçon 2 : Faire une dizaine et additionner un multiple de dix.

UNE HISTOIRE D'UNITÉS Leçon 3 Sprint 2•1

A

Nom _____ Date _____

Réponses correctes : _____

* Écris le chiffre qui manque. Fais bien attention aux symboles + et -.

1.	3 + 1 = __	16.	6 + 2 = __
2.	13 + 1 = __	17.	56 + 2 = __
3.	23 + 1 = __	18.	7 + 2 = __
4.	1 + 2 = __	19.	67 + 2 = __
5.	11 + 2 = __	20.	87 + 2 = __
6.	21 + 2 = __	21.	7 − 2 = __
7.	31 + 2 = __	22.	47 − 2 = __
8.	61 + 2 = __	23.	67 − 2 = __
9.	4 − 1 = __	24.	26 + 3 = __
10.	14 − 1 = __	25.	56 + __ = 59
11.	24 − 1 = __	26.	__ + 3 = 76
12.	54 − 1 = __	27.	57 − __ = 54
13.	5 − 3 = __	28.	77 − __ = 74
14.	15 − 3 = __	29.	__ − 4 = 73
15.	25 − 3 = __	30.	__ − 4 = 93

Leçon 3 : Additionner et soustraire des unités similaires.

B

Amélioration : _____ Réponses correctes :

Nom _____ Date _____

* Écris le chiffre qui manque. Fais bien attention aux symboles + et -.

1.	2 + 1 = ___	16.	7 + 2 = ___
2.	12 + 1 = ___	17.	67 + 2 = ___
3.	22 + 1 = ___	18.	4 + 5 = ___
4.	3 + 2 = ___	19.	54 + 5 = ___
5.	13 + 2 = ___	20.	84 + 5 = ___
6.	23 + 2 = ___	21.	8 − 6 = ___
7.	43 + 2 = ___	22.	48 − 6 = ___
8.	63 + 2 = ___	23.	78 − 6 = ___
9.	5 − 1 = ___	24.	33 + 4 = ___
10.	15 − 1 = ___	25.	63 + ___ = 67
11.	25 − 1 = ___	26.	___ + 3 = 77
12.	45 − 1 = ___	27.	59 − ___ = 56
13.	5 − 4 = ___	28.	79 − ___ = 76
14.	15 − 4 = ___	29.	___ − 6 = 73
15.	25 − 4 = ___	30.	___ − 6 = 93

2ᵉ année
Module 2

A

Leçon 1 Sprint 2•2

Nombre correct : _____

Avant, pendant, après

#			#		
1.	1, 2, ___		23.	99, ___, 101	
2.	11, 12, ___		24.	19, 20, ___	
3.	21, 22, ___		25.	119, 120, ___	
4.	71, 72, ___		26.	35, ___, 37	
5.	3, 4, ___		27.	135, ___, 137	
6.	3, ___, 5		28.	___, 24, 25	
7.	13, ___, 15		29.	___, 124, 125	
8.	23, ___, 25		30.	142, 143, ___	
9.	83, ___, 85		31.	138, ___, 140	
10.	7, 8, ___		32.	___, 149, 150	
11.	7, ___, 9		33.	148, ___, 150	
12.	___, 8, 9		34.	___, 149, 150	
13.	___, 18, 19		35.	___, 163, 164	
14.	___, 28, 29		36.	187, ___, 189	
15.	___, 58, 59		37.	___, 170, 171	
16.	12, 13, ___		38.	178, 179, ___	
17.	45, 46, ___		39.	192, ___, 194	
18.	12, ___, 14		40	___, 190, 191	
19.	36, ___, 38		41.	197, ___, 199	
20.	___, 19, 20		42.	168, 169, ___	
21.	___, 89, 90		43.	199, ___, 201	
22.	98, 99, ___		44.	___, 160, 161	

UNE HISTOIRE D'UNITÉS

Leçon 1 : Relie la mesure à des unités physiques en utilisant de multiples copies de la même unité physique.

B

Avant, pendant, après

Nombre correct : _____

Amélioration : _____

1.	0, 1, ___	
2.	10, 11, ___	
3.	20, 21, ___	
4.	70, 71, ___	
5.	2, 3, ___	
6.	2, ___, 4	
7.	12, ___, 14	
8.	22, ___ 24	
9.	82, ___, 84	
10.	6, 7, ___	
11.	6, ___, 8	
12.	___, 7, 8	
13.	___, 17, 18	
14.	___, 27, 28	
15.	___, 57, 58	
16.	11, 12, ___	
17.	44, 45, ___	
18.	11, ___, 13	
19.	35, ___, 37	
20.	___, 19, 20	
21.	___, 79, 80	
22.	98, 99, ___	

23.	99, ___, 101	
24.	29, 30, ___	
25.	129, 130, ___	
26.	34, ___, 36	
27.	134, ___, 136	
28.	___, 23, 24	
29.	___, 123, 124	
30.	141, 142, ___	
31.	128, ___, 130	
32.	___, 149, 150	
33.	148, ___, 150	
34	___, 149, 150	
35.	___, 173, 174	
36.	167, ___, 169	
37.	___, 160, 161	
38.	188, 189, ___	
39.	193, ___, 195	
40	___, 170, 171	
41.	196, ___, 198	
42.	178, 179, ___	
43.	199, ___, 201	
44.	___, 180, 181	

Leçon 1 : Relie la mesure à des unités physiques en utilisant de multiples copies de la même unité physique.

A

Nombre correct : _____

Créer une dizaine

1.	0 + ___ = 10
2.	9 + ___ = 10
3.	8 + ___ = 10
4.	7 + ___ = 10
5.	6 + ___ = 10
6.	5 + ___ = 10
7.	1 + ___ = 10
8.	2 + ___ = 10
9.	3 + ___ = 10
10.	4 + ___ = 10
11.	10 + ___ = 10
12.	9 + ___ = 10
13.	19 + ___ = 20
14.	5 + ___ = 10
15.	15 + ___ = 20
16.	8 + ___ = 10
17.	18 + ___ = 20
18.	6 + ___ = 10
19.	16 + ___ = 20
20.	7 + ___ = 10
21.	17 + ___ = 20
22.	3 + ___ = 10

23.	13 + ___ = 20
24.	23 + ___ = 30
25.	27 + ___ = 30
26.	5 + ___ = 10
27.	25 + ___ = 30
28.	2 + ___ = 10
29.	22 + ___ = 30
30.	32 + ___ = 40
31.	1 + ___ = 10
32.	11 + ___ = 20
33.	21 + ___ = 30
34	31 + ___ = 40
35.	38 + ___ = 40
36.	36 + ___ = 40
37.	39 + ___ = 40
38.	35 + ___ = 40
39.	___ + 6 = 30
40	___ + 8 = 20
41.	___ + 7 = 40
42.	___ + 6 = 20
43.	___ + 4 = 30
44.	___ + 8 = 40

Leçon 3 : Applique des concepts pour créer des règles d'unité et mesurer une longueur à l'aide de règles d'unité.

B

Créer une dizaine

Nombre correct : _____

Amélioration : _____

#	Problème		#	Problème	
1.	10 + ___ = 10		23.	14 + ___ = 20	
2.	9 + ___ = 10		24.	24 + ___ = 30	
3.	8 + ___ = 10		25.	26 + ___ = 30	
4.	7 + ___ = 10		26.	9 + ___ = 10	
5.	6 + ___ = 10		27.	29 + ___ = 30	
6.	5 + ___ = 10		28.	3 + ___ = 10	
7.	1 + ___ = 10		29.	23 + ___ = 30	
8.	2 + ___ = 10		30.	33 + ___ = 40	
9.	3 + ___ = 10		31.	2 + ___ = 10	
10.	4 + ___ = 10		32.	12 + ___ = 20	
11.	0 + ___ = 10		33.	22 + ___ = 30	
12.	5 + ___ = 10		34	32 + ___ = 40	
13.	15 + ___ = 20		35.	37 + ___ = 40	
14.	9 + ___ = 10		36.	34 + ___ = 40	
15.	19 + ___ = 20		37.	35 + ___ = 40	
16.	8 + ___ = 10		38.	39 + ___ = 40	
17.	18 + ___ = 20		39.	___ + 4 = 30	
18.	7 + ___ = 10		40	___ + 9 = 20	
19.	17 + ___ = 20		41.	___ + 4 = 40	
20.	6 + ___ = 10		42.	___ + 7 = 20	
21.	16 + ___ = 20		43.	___ + 3 = 30	
22.	4 + ___ = 10		44.	___ + 9 = 40	

Leçon 3 : Applique des concepts pour créer des règles d'unité et mesurer une longueur à l'aide de règles d'unité.

A

Faits liés

Nombre correct : _____

#			#		
1.	8 + 3 =		23.	15 − 6 =	
2.	3 + 8 =		24.	15 − 9 =	
3.	11 − 3 =		25.	8 + 7 =	
4.	11 − 8 =		26.	7 + 8 =	
5.	7 + 4 =		27.	15 − 7 =	
6.	4 + 7 =		28.	15 − 8 =	
7.	11 − 4 =		29.	9 + 4 =	
8.	11 − 7 =		30.	4 + 9 =	
9.	9 + 3 =		31.	13 − 4 =	
10.	3 + 9 =		32.	13 − 9 =	
11.	12 − 3 =		33.	8 + 6 =	
12.	12 − 9 =		34	6 + 8 =	
13.	8 + 5 =		35.	14 − 6 =	
14.	5 + 8 =		36.	14 − 8 =	
15.	13 − 5 =		37.	7 + 6 =	
16.	13 − 8 =		38.	6 + 7 =	
17.	7 + 5 =		39.	13 − 6 =	
18.	5 + 7 =		40	13 − 7 =	
19.	12 − 5 =		41.	9 + 7 =	
20.	12 − 7 =		42.	7 + 9 =	
21.	9 + 6 =		43.	16 − 7 =	
22.	6 + 9 =		44.	16 − 9 =	

Leçon 4 : Mesure divers objets à l'aide de règles centimètre et de bâtons de mesure.

B

Faits liés

Nombre correct : _____

Amélioration : _____

1.	9 + 2 =		23.	15 − 7 =	
2.	2 + 9 =		24.	15 − 8 =	
3.	11 − 2 =		25.	9 + 6 =	
4.	11 − 9 =		26.	6 + 9 =	
5.	6 + 5 =		27.	15 − 6 =	
6.	5 + 6 =		28.	15 − 9 =	
7.	11 − 5 =		29.	7 + 5 =	
8.	11 − 6 =		30.	5 + 7 =	
9.	8 + 4 =		31.	12 − 5 =	
10.	4 + 8 =		32.	12 − 7 =	
11.	12 − 4 =		33.	9 + 5 =	
12.	12 − 8 =		34	5 + 9 =	
13.	7 + 6 =		35.	14 − 5 =	
14.	6 + 7 =		36.	14 − 9 =	
15.	13 − 6 =		37.	8 + 6 =	
16.	13 − 7 =		38.	6 + 8 =	
17.	9 + 3 =		39.	14 − 6 =	
18.	3 + 9 =		40	14 − 8 =	
19.	12 − 3 =		41.	9 + 8 =	
20.	12 − 9 =		42.	8 + 9 =	
21.	8 + 7 =		43.	17 − 8 =	
22.	7 + 8 =		44.	17 − 9 =	

Leçon 4 : Mesure divers objets à l'aide de règles centimètre et de bâtons de mesure.

A

Nombre correct : _____

Entoure la plus grande longueur.

1.	1 cm	0 cm
2.	11 cm	10 cm
3.	11 cm	12 cm
4.	22 cm	12 cm
5.	29 cm	30 cm
6.	31 cm	13 cm
7.	43 cm	33 cm
8.	33 cm	23 cm
9.	35 cm	53 cm
10.	50 cm	35 cm
11.	55 cm	45 cm
12.	50 cm	55 cm
13.	65 cm	56 cm
14.	66 cm	56 cm
15.	66 cm	86 cm
16.	86 cm	68 m
17.	68 cm	88 cm
18.	89 cm	98 cm
19.	99 cm	98 m
20.	99 cm	1 m
21.	1 m	101 cm
22.	1 m	90 cm

23.	110 cm	101 cm
24.	110 cm	1 m
25.	1 m	111 cm
26.	101 cm	1 m
27.	111 cm	101 cm
28.	112 cm	102 cm
29.	110 cm	115 cm
30.	115 cm	105 cm
31.	106 cm	116 cm
32.	108 cm	98 cm
33.	119 cm	99 cm
34	131 cm	133 cm
35.	133 cm	113 cm
36.	142 cm	124 cm
37.	144 cm	114 cm
38.	154 cm	145 cm
39.	155 cm	152 cm
40.	198 cm	199 cm
41.	215 cm	225 cm
42.	252 cm	255 cm
43.	2 m	295 cm
44.	3 m	295 cm

Leçon 6 : Mesure et compare des longueurs en utilisant des centimètres et des mètres.

Copyright © Great Minds PBC

B

Nombre correct : _____

Amélioration : _____

Entoure la plus grande longueur.

1.	0 cm	1 cm
2.	10 cm	12 cm
3.	12 cm	11 cm
4.	32 cm	13 cm
5.	39 cm	40 cm
6.	41 cm	14 cm
7.	44 cm	40 cm
8.	44 cm	54 cm
9.	55 cm	65 cm
10.	60 cm	59 cm
11.	65 cm	45 cm
12.	70 cm	65 cm
13.	70 cm	57 cm
14.	77 cm	76 cm
15.	87 cm	78 cm
16.	79 cm	97 m
17.	79 cm	88 cm
18.	98 cm	97 cm
19.	99 cm	1 m
20.	99 cm	100 cm
21.	101 cm	100 cm
22.	1 m	101 cm

23.	111 cm	101 cm
24.	101 cm	110 cm
25.	1 m	110 cm
26.	111 cm	1 m
27.	113 cm	117 cm
28.	112 cm	111 cm
29.	115 cm	105 cm
30.	106 cm	116 cm
31.	107 cm	117 cm
32.	118 cm	108 cm
33.	119 cm	120 cm
34	132 cm	123 cm
35.	133 cm	132 cm
36.	143 cm	134 cm
37.	144 cm	114 cm
38.	154 cm	145 cm
39.	155 cm	152 cm
40	195 cm	199 cm
41.	225 cm	152 cm
42.	252 cm	255 cm
43.	2 m	295 cm
44.	3 m	295 cm

Leçon 6 : Mesure et compare des longueurs en utilisant des centimètres et des mètres.

Copyright © Great Minds PBC

A

Nombre correct : _____

Soustraction

1.	3 - 1 =		23.	8 - 7 =	
2.	13 - 1 =		24.	18 - 7 =	
3.	23 - 1 =		25.	58 - 7 =	
4.	53 - 1 =		26.	62 - 2 =	
5.	4 - 2 =		27.	9 - 8 =	
6.	14 - 2 =		28.	19 - 8 =	
7.	24 - 2 =		29.	29 - 8 =	
8.	64 - 2 =		30.	69 - 8 =	
9.	4 - 3 =		31.	7 - 3 =	
10.	14 - 3 =		32.	17 - 3 =	
11.	24 - 3 =		33.	77 - 3 =	
12.	74 - 3 =		34	59 - 9 =	
13.	6 - 4 =		35.	9 - 7 =	
14.	16 - 4 =		36.	19 - 7 =	
15.	26 - 4 =		37.	89 - 7 =	
16.	96 - 4 =		38.	99 - 5 =	
17.	7 - 5 =		39.	78 - 6 =	
18.	17 - 5 =		40	58 - 5 =	
19.	27 - 5 =		41.	39 - 7 =	
20.	47 - 5 =		42.	28 - 6 =	
21.	43 - 3 =		43.	49 - 4 =	
22.	87 - 7 =		44.	49 - 4 =	

Leçon 7 : Mesure et compare des longueurs en utilisant des unités de longueur métriques standard et des unités de longueur non standard Arelie la mesure à la taille de l'unité.

Copyright © Great Minds PBC

B

Nombre correct : _____

Amélioration : _____

Soustraction

#	Question	
1.	2 − 1 =	
2.	12 − 1 =	
3.	22 − 1 =	
4.	52 − 1 =	
5.	5 − 2 =	
6.	15 − 2 =	
7.	25 − 2 =	
8.	65 − 2 =	
9.	4 − 3 =	
10.	14 − 3 =	
11.	24 − 3 =	
12.	84 − 3 =	
13.	7 − 4 =	
14.	17 − 4 =	
15.	27 − 4 =	
16.	97 − 4 =	
17.	6 − 5 =	
18.	16 − 5 =	
19.	26 − 5 =	
20.	46 − 5 =	
21.	23 − 3 =	
22.	67 − 7 =	

#	Question	
23.	8 − 7 =	
24.	18 − 7 =	
25.	68 − 7 =	
26.	32 − 2 =	
27.	9 − 8 =	
28.	19 − 8 =	
29.	29 − 8 =	
30.	79 − 8 =	
31.	8 − 4 =	
32.	18 − 4 =	
33.	78 − 4 =	
34	89 − 9 =	
35.	9 − 7 =	
36.	19 − 7 =	
37.	79 − 7 =	
38.	89 − 5 =	
39.	68 − 6 =	
40	48 − 5 =	
41.	29 − 7 =	
42.	38 − 6 =	
43.	59 − 4 =	
44.	77 − 4 =	

A

Nombre correct : _____

Créer un Mètre

1.	10 cm + ___ = 100 cm			23.	___ + 62 cm = 1 m	
2.	30 cm + ___ = 100 cm			24.	___ + 72 cm = 1 m	
3.	50 cm + ___ = 100 cm			25.	___ + 92 cm = 1 m	
4.	70 cm + ___ = 100 cm			26.	___ + 29 cm = 1 m	
5.	90 cm + ___ = 100 cm			27.	___ + 39 cm = 1 m	
6.	80 cm + ___ = 100 cm			28.	___ + 59 cm = 1 m	
7.	60 cm + ___ = 100 cm			29.	___ + 89 cm = 1 m	
8.	40 cm + ___ = 100 cm			30.	___ + 88 cm = 1 m	
9.	20 cm + ___ = 100 cm			31.	___ + 68 cm = 1 m	
10.	21 cm + ___ = 100 cm			32.	___ + 18 cm = 1 m	
11.	23 cm + ___ = 100 cm			33.	___ + 15 cm = 1 m	
12.	25 cm + ___ = 100 cm			34.	___ + 55 cm = 1 m	
13.	27 cm + ___ = 100 cm			35.	44 cm + ___ = 1 m	
14.	37 cm + ___ = 100 cm			36.	55 cm + ___ = 1 m	
15.	38 cm + ___ = 100 cm			37.	88 cm + ___ = 1 m	
16.	39 cm + ___ = 100 cm			38.	1 m = ___ + 33 cm	
17.	49 cm + ___ = 100 cm			39.	1 m = ___ + 66 cm	
18.	50 cm + ___ = 100 cm			40.	1 m = ___ + 99 cm	
19.	52 cm + ___ = 100 cm			41.	1 m − 11 cm = ___	
20.	56 cm + ___ = 100 cm			42.	1 m − 15 cm = ___	
21.	58 cm + ___ = 100 cm			43.	1 m − 17 cm = ___	
22.	62 cm + ___ = 100 cm			44.	1 m − 19 cm = ___	

Leçon 8 : Résous des problèmes d'addition et de soustraction en utilisant la règle comme une ligne numérique.

B

Créer un Mètre

Nombre correct : _____

Amélioration : _____

#		
1.	1 cm + ___ = 100 cm	
2.	10 cm + ___ = 100 cm	
3.	20 cm + ___ = 100 cm	
4.	40 cm + ___ = 100 cm	
5.	60 cm + ___ = 100 cm	
6.	80 cm + ___ = 100 cm	
7.	90 cm + ___ = 100 cm	
8.	70 cm + ___ = 100 cm	
9.	50 cm + ___ = 100 cm	
10.	30 cm + ___ = 100 cm	
11.	31 cm + ___ = 100 cm	
12.	33 cm + ___ = 100 cm	
13.	35 cm + ___ = 100 cm	
14.	37 cm + ___ = 100 cm	
15.	39 cm + ___ = 100 cm	
16.	49 cm + ___ = 100 cm	
17.	59 cm + ___ = 100 cm	
18.	60 cm + ___ = 100 cm	
19.	62 cm + ___ = 100 cm	
20.	66 cm + ___ = 100 cm	
21.	68 cm + ___ = 100 cm	
22.	72 cm + ___ = 100 cm	
23.	___ + 72 cm = 1 m	
24.	___ + 82 cm = 1 m	
25.	___ + 28 cm = 1 m	
26.	___ + 38 cm = 1 m	
27.	___ + 48 cm = 1 m	
28.	___ + 45 cm = 1 m	
29.	___ + 43 cm = 1 m	
30.	___ + 34 cm = 1 m	
31.	___ + 24 cm = 1 m	
32.	___ + 14 cm = 1 m	
33.	___ + 12 cm = 1 m	
34	___ + 10 cm = 1 m	
35.	11 cm + ___ = 1 m	
36.	33 cm + ___ = 1 m	
37.	55 cm + ___ = 1 m	
38.	1 m = ___ + 22 cm	
39.	1 m = ___ + 88 cm	
40	1 m = ___ + 99 cm	
41.	1 m – 1 cm = ___	
42.	1 m – 5 cm = ___	
43.	1 m – 7 cm = ___	
44.	1 m – 17 cm = ___	

Leçon 8 : Résous des problèmes d'addition et de soustraction en utilisant la règle comme une ligne numérique.

2ᵉ année
Module 3

A

Réponses correctes : _____

Différences jusqu'à 10 avec les numéros de dix à dix-neuf

1.	3 - 1 =		23.	7 - 4 =	
2.	13 - 1 =		24.	17 - 4 =	
3.	5 - 1 =		25.	7 - 5 =	
4.	15 - 1 =		26.	17 - 5 =	
5.	7 - 1 =		27.	9 - 5 =	
6.	17 - 1 =		28.	19 - 5 =	
7.	4 - 2 =		29.	7 - 6 =	
8.	14 - 2 =		30.	17 - 6 =	
9.	6 - 2 =		31.	9 - 6 =	
10.	16 - 2 =		32.	19 - 6 =	
11.	8 - 2 =		33.	8 - 7 =	
12.	18 - 2 =		34.	18 - 7 =	
13.	4 - 3 =		35.	9 - 8 =	
14.	14 - 3 =		36.	19 - 8 =	
15.	6 - 3 =		37.	7 - 3 =	
16.	16 - 3 =		38.	17 - 3 =	
17.	8 - 3 =		39.	5 - 4 =	
18.	18 - 3 =		40.	15 - 4 =	
19.	6 - 4 =		41.	8 - 5 =	
20.	16 - 4 =		42.	18 - 5 =	
21.	8 - 4 =		43.	8 - 6 =	
22.	18 - 4 =		44.	18 - 6 =	

Leçon 3 : Compter entre 90 et 1,000 en utilisant des unités, des dizaines et des centaines.

B

Différences jusqu'à 10 avec les numéros de dix à dix-neuf

Réponses correctes : _____

Amélioration : _____

1.	2 – 1 =		23.	9 – 4 =	
2.	12 – 1 =		24.	19 – 4 =	
3.	4 – 1 =		25.	6 – 5 =	
4.	14 – 1 =		26.	16 – 5 =	
5.	6 – 1 =		27.	8 – 5 =	
6.	16 – 1 =		28.	18 – 5 =	
7.	3 – 2 =		29.	8 – 6 =	
8.	13 – 2 =		30.	18 – 6 =	
9.	5 – 2 =		31.	9 – 6 =	
10.	15 – 2 =		32.	19 – 6 =	
11.	7 – 2 =		33.	9 – 7 =	
12.	17 – 2 =		34.	19 – 7 =	
13.	5 – 3 =		35.	9 – 8 =	
14.	15 – 3 =		36.	19 – 8 =	
15.	7 – 3 =		37.	8 – 3 =	
16.	17 – 3 =		38.	18 – 3 =	
17.	9 – 3 =		39.	6 – 4 =	
18.	19 – 3 =		40.	16 – 4 =	
19.	5 – 4 =		41.	9 – 5 =	
20.	15 – 4 =		42.	19 – 5 =	
21.	7 – 4 =		43.	7 – 6 =	
22.	17 – 4 =		44.	17 – 6 =	

Leçon 3 : Compter entre 90 et 1,000 en utilisant des unités, des dizaines et des centaines.

A

Réponses correctes : _____

Additionner jusquà dix-neuf

1.	5 + 5 + 5 =		23.	1 + 9 + 5 =	
2.	9 + 1 + 3 =		24.	3 + 5 + 5 =	
3.	2 + 8 + 4 =		25.	8 + 4 + 6 =	
4.	3 + 7 + 2 =		26.	9 + 7 + 1 =	
5.	4 + 6 + 9 =		27.	2 + 6 + 8 =	
6.	9 + 0 + 6 =		28.	0 + 8 + 7 =	
7.	3 + 0 + 8 =		29.	8 + 4 + 3 =	
8.	2 + 7 + 7 =		30.	9 + 2 + 2 =	
9.	6 + 6 + 6 =		31.	4 + 4 + 4 =	
10.	7 + 8 + 4 =		32.	6 + 8 + 5 =	
11.	3 + 5 + 9 =		33.	4 + 5 + 7 =	
12.	9 + 1 + 1 =		34.	7 + 3 + 1 =	
13.	5 + 5 + 6 =		35.	6 + 4 + 3 =	
14.	8 + 2 + 8 =		36.	1 + 9 + 9 =	
15.	3 + 4 + 7 =		37.	5 + 8 + 5 =	
16.	5 + 0 + 8 =		38.	3 + 3 + 5 =	
17.	6 + 2 + 6 =		39.	7 + 0 + 6 =	
18.	6 + 3 + 9 =		40.	4 + 5 + 9 =	
19.	2 + 4 + 7 =		41.	4 + 8 + 4 =	
20.	3 + 8 + 6 =		42.	2 + 6 + 7 =	
21.	5 + 7 + 6 =		43.	3 + 5 + 6 =	
22.	3 + 6 + 9 =		44.	2 + 6 + 9 =	

Leçon 4 : Compter jusqu'à 1,000 sur le tableau des valeurs.

UNE HISTOIRE D'UNITÉS Leçon 4 Sprint 2•3

B

Réponses correctes : _____

Additionner jusquà dix-neuf

Amélioration : _____

1.	5 + 5 + 4 =		23.	8 + 2 + 5 =	
2.	7 + 3 + 5 =		24.	9 + 1 + 6 =	
3.	1 + 9 + 8 =		25.	3 + 6 + 4 =	
4.	4 + 6 + 2 =		26.	3 + 2 + 7 =	
5.	2 + 8 + 9 =		27.	4 + 8 + 6 =	
6.	7 + 0 + 6 =		28.	9 + 9 + 0 =	
7.	4 + 0 + 9 =		29.	0 + 7 + 5 =	
8.	2 + 9 + 9 =		30.	8 + 4 + 4 =	
9.	4 + 5 + 4 =		31.	3 + 8 + 8 =	
10.	8 + 7 + 5 =		32.	5 + 7 + 6 =	
11.	2 + 7 + 9 =		33.	3 + 4 + 9 =	
12.	9 + 1 + 2 =		34.	3 + 7 + 3 =	
13.	6 + 4 + 5 =		35.	6 + 4 + 5 =	
14.	8 + 2 + 3 =		36.	7 + 9 + 1 =	
15.	1 + 4 + 9 =		37.	2 + 6 + 8 =	
16.	3 + 8 + 0 =		38.	5 + 3 + 7 =	
17.	7 + 4 + 7 =		39.	6 + 0 + 9 =	
18.	5 + 3 + 8 =		40.	2 + 5 + 7 =	
19.	7 + 3 + 4 =		41.	3 + 6 + 3 =	
20.	5 + 8 + 6 =		42.	4 + 2 + 9 =	
21.	7 + 6 + 4 =		43.	6 + 3 + 5 =	
22.	5 + 8 + 4 =		44.	7 + 2 + 9 =	

Leçon 4 :   Compter jusqu'à 1,000 sur le tableau des valeurs.

A

Réponses correctes : _____

Forme développée

1.	20 + 1 =	
2.	20 + 2 =	
3.	20 + 3 =	
4.	20 + 9 =	
5.	30 + 9 =	
6.	40 + 9 =	
7.	80 + 9 =	
8.	40 + 4 =	
9.	50 + 5 =	
10.	10 + 7 =	
11.	20 + 5 =	
12.	200 + 30 =	
13.	300 + 40 =	
14.	400 + 50 =	
15.	500 + 60 =	
16.	600 + 70 =	
17.	700 + 80 =	
18.	200 + 30 + 5 =	
19.	300 + 40 + 5 =	
20.	400 + 50 + 6 =	
21.	500 + 60 + 7 =	
22.	600 + 70 + 8 =	

23.	400 + 20 + 5 =	
24.	200 + 60 + 1 =	
25.	200 + 1 =	
26.	300 + 1 =	
27.	400 + 1 =	
28.	500 + 1 =	
29.	700 + 1 =	
30.	300 + 50 + 2 =	
31.	300 + 2 =	
32.	100 + 10 + 7 =	
33.	100 + 7 =	
34.	700 + 10 + 5 =	
35.	700 + 5 =	
36.	300 + 40 + 7 =	
37.	300 + 7 =	
38.	500 + 30 + 2 =	
39.	500 + 2 =	
40.	2 + 500 =	
41.	2 + 600 =	
42.	2 + 40 + 600 =	
43.	3 + 10 + 700 =	
44.	8 + 30 + 700 =	

Leçon 7 : Écrire, lire et associer les nombres en base dix sous toutes leurs formes.

B

Réponses correctes : _____

Forme développée

Amélioration : _____

1.	10 + 1 =	
2.	10 + 2 =	
3.	10 + 3 =	
4.	10 + 9 =	
5.	20 + 9 =	
6.	30 + 9 =	
7.	70 + 9 =	
8.	30 + 3 =	
9.	40 + 4 =	
10.	80 + 7 =	
11.	90 + 5 =	
12.	100 + 20 =	
13.	200 + 30 =	
14.	300 + 40 =	
15.	400 + 50 =	
16.	500 + 60 =	
17.	600 + 70 =	
18.	300 + 40 + 5 =	
19.	400 + 50 + 6 =	
20.	500 + 60 + 7 =	
21.	600 + 70 + 8 =	
22.	700 + 80 + 9 =	

23.	500 + 30 + 6 =	
24.	300 + 70 + 1 =	
25.	300 + 1 =	
26.	400 + 1 =	
27.	500 + 1 =	
28.	600 + 1 =	
29.	900 + 1 =	
30.	400 + 60 + 3 =	
31.	400 + 3 =	
32.	100 + 10 + 5 =	
33.	100 + 5 =	
34.	800 + 10 + 5 =	
35.	800 + 5 =	
36.	200 + 30 + 7 =	
37.	200 + 7 =	
38.	600 + 40 + 2 =	
39.	600 + 2 =	
40.	2 + 600 =	
41.	3 + 600 =	
42.	3 + 40 + 600 =	
43.	5 + 10 + 800 =	
44.	9 + 20 + 700 =	

Leçon 7 : Écrire, lire et associer les nombres en base dix sous toutes leurs formes.

A

Réponses correctes : _____

Forme développée

1.	100 + 20 + 3 =	
2.	100 + 20 + 4 =	
3.	100 + 20 + 5 =	
4.	100 + 20 + 8 =	
5.	100 + 30 + 8 =	
6.	100 + 40 + 8 =	
7.	100 + 70 + 8 =	
8.	500 + 10 + 9 =	
9.	500 + 10 + 8 =	
10.	500 + 10 + 7 =	
11.	500 + 10 + 3 =	
12.	700 + 30 =	
13.	700 + 3 =	
14.	30 + 3 =	
15.	700 + 33 =	
16.	900 + 40 =	
17.	900 + 4 =	
18.	40 + 4 =	
19.	900 + 44 =	
20.	800 + 70 =	
21.	800 + 7 =	
22.	70 + 7 =	

23.	800 + 77 =	
24.	300 + 90 + 2 =	
25.	400 + 80 =	
26.	600 + 7 =	
27.	200 + 60 + 4 =	
28.	100 + 9 =	
29.	500 + 80 =	
30.	80 + 500 =	
31.	2 + 50 + 400 =	
32.	2 + 400 + 50 =	
33.	3 + 70 + 800 =	
34.	40 + 9 + 800 =	
35.	700 + 9 + 20 =	
36.	5 + 300 =	
37.	400 + 90 + 10 =	
38.	500 + 80 + 20 =	
39.	900 + 60 + 40 =	
40.	400 + 80 + 2 =	
41.	300 + 60 + 5 =	
42.	200 + 27 + 5 =	
43.	8 + 700 + 59 =	
44.	47 + 500 + 8 =	

Leçon 10 : Explore 1,000 $. Combien de billets de 10 $ peut-on échanger contre un billet de mille dollars ?

Copyright © Great Minds PBC

UNE HISTOIRE D'UNITÉS   Leçon 10 Sprint 2•3

B

Réponses correctes : _____

Forme développée

Amélioration : _____

1.	100 + 30 + 4 =		23.	700 + 66 =	
2.	100 + 30 + 5 =		24.	200 + 90 + 4 =	
3.	100 + 30 + 6 =		25.	500 + 70 =	
4.	100 + 30 + 9 =		26.	800 + 6 =	
5.	100 + 40 + 9 =		27.	400 + 70 + 4 =	
6.	100 + 50 + 9 =		28.	700 + 9 =	
7.	100 + 80 + 9 =		29.	800 + 50 =	
8.	400 + 10 + 8 =		30.	50 + 800 =	
9.	400 + 10 + 7 =		31.	2 + 80 + 400 =	
10.	400 + 10 + 6 =		32.	2 + 400 + 80 =	
11.	400 + 10 + 2 =		33.	3 + 70 + 500 =	
12.	700 + 80 =		34.	60 + 3 + 800 =	
13.	700 + 8 =		35.	900 + 7 + 20 =	
14.	80 + 8 =		36.	4 + 300 =	
15.	700 + 88 =		37.	500 + 90 + 10 =	
16.	900 + 20 =		38.	600 + 80 + 20 =	
17.	900 + 2 =		39.	900 + 60 + 40 =	
18.	20 + 2 =		40.	600 + 8 + 2 =	
19.	900 + 22 =		41.	800 + 6 + 5 =	
20.	700 + 60 =		42.	800 + 27 + 5 =	
21.	700 + 6 =		43.	8 + 100 + 49 =	
22.	60 + 6 =		44.	37 + 600 + 8 =	

Leçon 10 :   Explore 1,000 $. Combien de billets de 10 $ peut-on échanger contre un billet de mille dollars ?

A

Réponses correctes : _____

Addition et soustraction jusqu'à 10

1.	2 + 1 =		23.	8 − 2 =	
2.	1 + 2 =		24.	8 − 6 =	
3.	3 − 1 =		25.	8 + 2 =	
4.	3 − 2 =		26.	2 + 8 =	
5.	4 + 1 =		27.	10 − 2 =	
6.	1 + 4 =		28.	10 − 8 =	
7.	5 − 1 =		29.	4 + 3 =	
8.	5 − 4 =		30.	3 + 4 =	
9.	8 + 1 =		31.	7 − 3 =	
10.	1 + 8 =		32.	7 − 4 =	
11.	9 − 1 =		33.	5 + 3 =	
12.	9 − 8 =		34.	3 + 5 =	
13.	3 + 2 =		35.	8 − 3 =	
14.	2 + 3 =		36.	8 − 5 =	
15.	5 − 2 =		37.	6 + 3 =	
16.	5 − 3 =		38.	3 + 6 =	
17.	5 + 2 =		39.	9 − 3 =	
18.	2 + 5 =		40.	9 − 6 =	
19.	7 − 2 =		41.	5 + 4 =	
20.	7 − 5 =		42.	4 + 5 =	
21.	6 + 2 =		43.	9 − 5 =	
22.	2 + 6 =		44.	9 − 4 =	

B

Addition et soustraction jusqu'à 10

Réponses correctes : _____

Amélioration : _____

1.	3 + 1 =		23.	7 - 2 =	
2.	1 + 3 =		24.	7 - 5 =	
3.	4 - 1 =		25.	8 + 2 =	
4.	4 - 3 =		26.	2 + 8 =	
5.	5 + 1 =		27.	10 - 2 =	
6.	1 + 5 =		28.	10 - 8 =	
7.	6 - 1 =		29.	4 + 3 =	
8.	6 - 5 =		30.	3 + 4 =	
9.	9 + 1 =		31.	7 - 3 =	
10.	1 + 9 =		32.	7 - 4 =	
11.	10 - 1 =		33.	5 + 3 =	
12.	10 - 9 =		34.	3 + 5 =	
13.	4 + 2 =		35.	8 - 3 =	
14.	2 + 4 =		36.	8 - 5 =	
15.	6 - 2 =		37.	7 + 3 =	
16.	6 - 4 =		38.	3 + 7 =	
17.	7 + 2 =		39.	10 - 3 =	
18.	2 + 7 =		40.	10 - 7 =	
19.	9 - 2 =		41.	5 + 4 =	
20.	9 - 7 =		42.	4 + 5 =	
21.	5 + 2 =		43.	9 - 5 =	
22.	2 + 5 =		44.	9 - 4 =	

Leçon 11 : Compter la valeur totale des unités, des dizaines et des centaines avec les disques de placement de valeur.

A

Réponses correctes : _____

Sommes jusqu'à 10 avec les numéros de dix à dix-neuf

1.	3 + 1 =		23.	4 + 5 =	
2.	13 + 1 =		24.	14 + 5 =	
3.	5 + 1 =		25.	2 + 5 =	
4.	15 + 1 =		26.	12 + 5 =	
5.	7 + 1 =		27.	5 + 4 =	
6.	17 + 1 =		28.	15 + 4 =	
7.	4 + 2 =		29.	3 + 4 =	
8.	14 + 2 =		30.	13 + 4 =	
9.	6 + 2 =		31.	3 + 6 =	
10.	16 + 2 =		32.	13 + 6 =	
11.	8 + 2 =		33.	7 + 1 =	
12.	18 + 2 =		34.	17 + 1 =	
13.	4 + 3 =		35.	8 + 1 =	
14.	14 + 3 =		36.	18 + 1 =	
15.	6 + 3 =		37.	4 + 3 =	
16.	16 + 3 =		38.	14 + 3 =	
17.	5 + 5 =		39.	4 + 1 =	
18.	15 + 5 =		40.	14 + 1 =	
19.	7 + 3 =		41.	5 + 3 =	
20.	17 + 3 =		42.	15 + 3 =	
21.	6 + 4 =		43.	4 + 4 =	
22.	16 + 4 =		44.	14 + 4 =	

Leçon 12 : Changer 10 unités pour 1 dizaine, 10 dizaines pour 1 centaine et 10 centaines pour 1 millier.

| UNE HISTOIRE D'UNITÉS | | Leçon 12 Sprint | 2•3 |

B

Réponses correctes : _____

Amélioration : _____

Sommes jusqu'à 10 avec les numéros de dix à dix-neuf

1.	2 + 1 =		23.	9 + 1 =	
2.	12 + 1 =		24.	19 + 1 =	
3.	4 + 1 =		25.	5 + 1 =	
4.	14 + 1 =		26.	15 + 1 =	
5.	6 + 1 =		27.	5 + 3 =	
6.	16 + 1 =		28.	15 + 3 =	
7.	3 + 2 =		29.	6 + 2 =	
8.	13 + 2 =		30.	16 + 2 =	
9.	5 + 2 =		31.	3 + 6 =	
10.	15 + 2 =		32.	13 + 6 =	
11.	7 + 2 =		33.	7 + 2 =	
12.	17 + 2 =		34.	17 + 2 =	
13.	5 + 3 =		35.	1 + 8 =	
14.	15 + 3 =		36.	11 + 8 =	
15.	7 + 3 =		37.	3 + 5 =	
16.	17 + 3 =		38.	13 + 5 =	
17.	6 + 3 =		39.	4 + 2 =	
18.	16 + 3 =		40.	14 + 2 =	
19.	5 + 4 =		41.	5 + 4 =	
20.	15 + 4 =		42.	15 + 4 =	
21.	1 + 9 =		43.	1 + 6 =	
22.	11 + 9 =		44.	11 + 6 =	

Leçon 12 : Changer 10 unités pour 1 dizaine, 10 dizaines pour 1 centaine et 10 centaines pour 1 millier.

A

Réponses correctes : _____

Placement de valeur en comptant jusqu'à 100

1.	5 dizaines	
2.	6 dizaines 2 unités	
3.	6 dizaines 3 unités	
4.	6 dizaines 8 unités	
5.	60 + 4 =	
6.	4 + 60 =	
7.	8 dizaines	
8.	9 dizaines 4 unités	
9.	9 dizaines 5 unités	
10.	9 dizaines 8 unités	
11.	90 + 6 =	
12.	6 + 90 =	
13.	6 dizaines	
14.	7 dizaines 6 unités	
15.	7 dizaines 7 unités	
16.	7 dizaines 3 unités	
17.	70 + 8 =	
18.	8 + 70 =	
19.	9 dizaines	
20.	8 dizaines 1 unité	
21.	8 dizaines 2 unités	
22.	8 dizaines 7 unités	

23.	80 + 4 =	
24.	4 + 80 =	
25.	7 dizaines	
26.	5 dizaines 8 unités	
27.	5 dizaines 9 unités	
28.	5 dizaines 2 unités	
29.	50 + 7 =	
30.	7 + 50 =	
31.	10 dizaines	
32.	7 dizaines 4 unités	
33.	80 + 3 =	
34.	7 + 90 =	
35.	6 dizaines + 10 =	
36.	9 dizaines 3 unités	
37.	70 + 2 =	
38.	3 + 50 =	
39.	60 + 2 dizaines =	
40.	8 dizaines 6 unités	
41.	90 + 2 =	
42.	5 + 60 =	
43.	8 dizaines 20 unités	
44.	30 + 7 dizaines =	

Leçon 13 : Lire et écrire des nombres jusqu'à 1,000 après modélisation avec des disques de placement de valeur.

B

Placement de valeur en comptant jusqu'à 100

Réponses correctes : _____

Amélioration : _____

1.	6 dizaines	
2.	5 dizaines 2 unités	
3.	5 dizaines 3 unités	
4.	5 dizaines 8 unités	
5.	4 + 60 =	
6.	50 + 4 =	
7.	4 + 50 =	
8.	8 dizaines 4 unités	
9.	8 dizaines 5 unités	
10.	8 dizaines 8 unités	
11.	80 + 6 =	
12.	6 + 80 =	
13.	7 dizaines	
14.	9 dizaines 6 unités	
15.	9 dizaines 7 unités	
16.	9 dizaines 3 unités	
17.	90 + 8 =	
18.	8 + 90 =	
19.	5 dizaines	
20.	6 dizaines 1 unité	
21.	6 dizaines 2 unités	
22.	6 dizaines 7 unité	

23.	60 + 4 =	
24.	4 + 60 =	
25.	8 dizaines	
26.	7 dizaines 8 unités	
27.	7 dizaines 9 unités	
28.	7 dizaines 2 unités	
29.	70 + 5 =	
30.	5 + 70 =	
31.	10 dizaines	
32.	5 dizaines 6 unités	
33.	60 + 3 =	
34.	6 + 70 =	
35.	5 dizaines + 10 =	
36.	7 dizaines 4 unités	
37.	80 + 3 =	
38.	2 + 90 =	
39.	70 + 2 dizaines	
40.	6 dizaines 8 unités	
41.	70 + 3 =	
42.	7 + 80 =	
43.	9 dizaines 10 unités	
44.	40 + 6 dizaines =	

Leçon 13 : Lire et écrire des nombres jusqu'à 1,000 après modélisation avec des disques de placement de valeur.

A

Réponses correctes : _____

Entraînement à la soustraction avec les nombres de dix à dix-neuf

1.	3 - 1 =		23.	7 - 4 =	
2.	13 - 1 =		24.	17 - 4 =	
3.	5 - 1 =		25.	7 - 5 =	
4.	15 - 1 =		26.	17 - 5 =	
5.	7 - 1 =		27.	9 - 5 =	
6.	17 - 1 =		28.	19 - 5 =	
7.	4 - 2 =		29.	7 - 6 =	
8.	14 - 2 =		30.	17 - 6 =	
9.	6 - 2 =		31.	9 - 6 =	
10.	16 - 2 =		32.	19 - 6 =	
11.	8 - 2 =		33.	8 - 7 =	
12.	18 - 2 =		34.	18 - 7 =	
13.	4 - 3 =		35.	9 - 8 =	
14.	14 - 3 =		36.	19 - 8 =	
15.	6 - 3 =		37.	7 - 3 =	
16.	16 - 3 =		38.	17 - 3 =	
17.	8 - 3 =		39.	5 - 4 =	
18.	18 - 3 =		40.	15 - 4 =	
19.	6 - 4 =		41.	8 - 5 =	
20.	16 - 4 =		42.	18 - 5 =	
21.	8 - 4 =		43.	8 - 6 =	
22.	18 - 4 =		44.	18 - 6 =	

Leçon 14 : Modéliser les nombres avec plus de 9 unités ou 9 dizaines ; les écrire sous forme développée, d'unités, standard ou en toutes lettres.

B

Réponses correctes : _____

Entraînement à la soustraction avec les nombres de dix à dix-neuf   Amélioration : _____

1.	2 - 1 =		23.	9 - 4 =	
2.	12 - 1 =		24.	19 - 4 =	
3.	4 - 1 =		25.	6 - 5 =	
4.	14 - 1 =		26.	16 - 5 =	
5.	6 - 1 =		27.	8 - 5 =	
6.	16 - 1 =		28.	18 - 5 =	
7.	3 - 2 =		29.	8 - 6 =	
8.	13 - 2 =		30.	18 - 6 =	
9.	5 - 2 =		31.	9 - 6 =	
10.	15 - 2 =		32.	19 - 6 =	
11.	7 - 2 =		33.	9 - 7 =	
12.	17 - 2 =		34.	19 - 7 =	
13.	5 - 3 =		35.	9 - 8 =	
14.	15 - 3 =		36.	19 - 8 =	
15.	7 - 3 =		37.	8 - 3 =	
16.	17 - 3 =		38.	18 - 3 =	
17.	9 - 3 =		39.	6 - 4 =	
18.	19 - 3 =		40.	16 - 4 =	
19.	5 - 4 =		41.	9 - 5 =	
20.	15 - 4 =		42.	19 - 5 =	
21.	7 - 4 =		43.	7 - 6 =	
22.	17 - 4 =		44.	17 - 6 =	

Leçon 14 : Modéliser les nombres avec plus de 9 unités ou 9 dizaines ; les écrire sous forme développée, d'unités, standard ou en toutes lettres.

Copyright © Great Minds PBC

Leçon 15 Sprint

A

Réponses correctes : _____

Forme développée

1.	20 + 1 =	
2.	20 + 2 =	
3.	20 + 3 =	
4.	20 + 9 =	
5.	30 + 9 =	
6.	40 + 9 =	
7.	80 + 9 =	
8.	40 + 4 =	
9.	50 + 5 =	
10.	10 + 7 =	
11.	20 + 5 =	
12.	200 + 30 =	
13.	300 + 40 =	
14.	400 + 50 =	
15.	500 + 60 =	
16.	600 + 70 =	
17.	700 + 80 =	
18.	200 + 30 + 5 =	
19.	300 + 40 + 5 =	
20.	400 + 50 + 6 =	
21.	500 + 60 + 7 =	
22.	600 + 70 + 8 =	
23.	400 + 20 + 5 =	
24.	200 + 60 + 1 =	
25.	200 + 1 =	
26.	300 + 1 =	
27.	400 + 1 =	
28.	500 + 1 =	
29.	700 + 1 =	
30.	300 + 50 + 2 =	
31.	300 + 2 =	
32.	100 + 10 + 7 =	
33.	100 + 7 =	
34.	700 + 10 + 5 =	
35.	700 + 5 =	
36.	300 + 40 + 7 =	
37.	300 + 7 =	
38.	500 + 30 + 2 =	
39.	500 + 2 =	
40.	2 + 500 =	
41.	2 + 600 =	
42.	2 + 40 + 600 =	
43.	3 + 10 + 700 =	
44.	8 + 30 + 700 =	

Leçon 15 : Examiner une situation avec plus de 9 groupes de dizaines.

B

Forme développée

Réponses correctes : _____

Amélioration : _____

1.	10 + 1 =	
2.	10 + 2 =	
3.	10 + 3 =	
4.	10 + 9 =	
5.	20 + 9 =	
6.	30 + 9 =	
7.	70 + 9 =	
8.	30 + 3 =	
9.	40 + 4 =	
10.	80 + 7 =	
11.	90 + 5 =	
12.	100 + 20 =	
13.	200 + 30 =	
14.	300 + 40 =	
15.	400 + 50 =	
16.	500 + 60 =	
17.	600 + 70 =	
18.	300 + 40 + 5 =	
19.	400 + 50 + 6 =	
20.	500 + 60 + 7 =	
21.	600 + 70 + 8 =	
22.	700 + 80 + 9 =	

23.	500 + 30 + 6 =	
24.	300 + 70 + 1 =	
25.	300 + 1 =	
26.	400 + 1 =	
27.	500 + 1 =	
28.	600 + 1 =	
29.	900 + 1 =	
30.	400 + 60 + 3 =	
31.	400 + 3 =	
32.	100 + 10 + 5 =	
33.	100 + 5 =	
34.	800 + 10 + 5 =	
35.	800 + 5 =	
36.	200 + 30 + 7 =	
37.	200 + 7 =	
38.	600 + 40 + 2 =	
39.	600 + 2 =	
40.	2 + 600 =	
41.	3 + 600 =	
42.	3 + 40 + 600 =	
43.	5 + 10 + 800 =	
44.	9 + 20 + 700 =	

Leçon 15 : Examiner une situation avec plus de 9 groupes de dizaines.

A

Sommes – Traverser une dizaine

Réponses correctes : _____

1.	9 + 1 =		23.	7 + 3 =	
2.	9 + 2 =		24.	7 + 4 =	
3.	9 + 3 =		25.	7 + 5 =	
4.	9 + 9 =		26.	7 + 9 =	
5.	8 + 2 =		27.	6 + 4 =	
6.	8 + 3 =		28.	6 + 5 =	
7.	8 + 4 =		29.	6 + 6 =	
8.	8 + 9 =		30.	6 + 9 =	
9.	9 + 1 =		31.	5 + 5 =	
10.	9 + 4 =		32.	5 + 6 =	
11.	9 + 5 =		33.	5 + 7 =	
12.	9 + 8 =		34.	5 + 9 =	
13.	8 + 2 =		35.	4 + 6 =	
14.	8 + 5 =		36.	4 + 7 =	
15.	8 + 6 =		37.	4 + 9 =	
16.	8 + 8 =		38.	3 + 7 =	
17.	9 + 1 =		39.	3 + 9 =	
18.	9 + 7 =		40.	5 + 8 =	
19.	8 + 2 =		41.	2 + 8 =	
20.	8 + 7 =		42.	4 + 8 =	
21.	9 + 1 =		43.	1 + 9 =	
22.	9 + 6 =		44.	2 + 9 =	

Leçon 16 : Comparer deux nombres à trois chiffres en utilisant <, > et =.

B

Sommes – Traverser une dizaine

Réponses correctes : _____

Amélioration : _____

1.	8 + 2 =		23.	7 + 3 =	
2.	8 + 3 =		24.	7 + 4 =	
3.	8 + 4 =		25.	7 + 5 =	
4.	8 + 8 =		26.	7 + 8 =	
5.	9 + 1 =		27.	6 + 4 =	
6.	9 + 2 =		28.	6 + 5 =	
7.	9 + 3 =		29.	6 + 6 =	
8.	9 + 8 =		30.	6 + 8 =	
9.	8 + 2 =		31.	5 + 5 =	
10.	8 + 5 =		32.	5 + 6 =	
11.	8 + 6 =		33.	5 + 7 =	
12.	8 + 9 =		34.	5 + 8 =	
13.	9 + 1 =		35.	4 + 6 =	
14.	9 + 4 =		36.	4 + 7 =	
15.	9 + 5 =		37.	4 + 8 =	
16.	9 + 9 =		38.	3 + 7 =	
17.	9 + 1 =		39.	3 + 9 =	
18.	9 + 7 =		40.	5 + 9 =	
19.	8 + 2 =		41.	2 + 8 =	
20.	8 + 7 =		42.	4 + 9 =	
21.	9 + 1 =		43.	1 + 9 =	
22.	9 + 6 =		44.	2 + 9 =	

Leçon 16 : Comparer deux nombres à trois chiffres en utilisant <, > et =.

A

Réponses correctes : _____

Sommes – Traverser une dizaine

1.	9 + 2 =		23.	4 + 7 =	
2.	9 + 3 =		24.	4 + 8 =	
3.	9 + 4 =		25.	5 + 6 =	
4.	9 + 7 =		26.	5 + 7 =	
5.	7 + 9 =		27.	3 + 8 =	
6.	10 + 1 =		28.	3 + 9 =	
7.	10 + 2 =		29.	2 + 9 =	
8.	10 + 3 =		30.	5 + 10 =	
9.	10 + 8 =		31.	5 + 8 =	
10.	8 + 10 =		32.	9 + 6 =	
11.	8 + 3 =		33.	6 + 9 =	
12.	8 + 4 =		34.	7 + 6 =	
13.	8 + 5 =		35.	6 + 7 =	
14.	8 + 9 =		36.	8 + 6 =	
15.	9 + 8 =		37.	6 + 8 =	
16.	7 + 4 =		38.	8 + 7 =	
17.	10 + 5 =		39.	7 + 8 =	
18.	6 + 5 =		40.	6 + 6 =	
19.	7 + 5 =		41.	7 + 7 =	
20.	9 + 5 =		42.	8 + 8 =	
21.	5 + 9 =		43.	9 + 9 =	
22.	10 + 6 =		44.	4 + 9 =	

Leçon 17 : Comparer deux nombres à trois chiffres en utilisant <, > et = lorsqu'il y a plus de 9 unités ou 9 dizaines.

B

Sommes - Traverser une dizaine

Réponses correctes : _____

Amélioration : _____

1.	10 + 1 =		23.	5 + 6 =	
2.	10 + 2 =		24.	5 + 7 =	
3.	10 + 3 =		25.	4 + 7 =	
4.	10 + 9 =		26.	4 + 8 =	
5.	9 + 10 =		27.	4 + 10 =	
6.	9 + 2 =		28.	3 + 8 =	
7.	9 + 3 =		29.	3 + 9 =	
8.	9 + 4 =		30.	2 + 9 =	
9.	9 + 8 =		31.	5 + 8 =	
10.	8 + 9 =		32.	7 + 6 =	
11.	8 + 3 =		33.	6 + 7 =	
12.	8 + 4 =		34.	8 + 6 =	
13.	8 + 5 =		35.	6 + 8 =	
14.	8 + 7 =		36.	9 + 6 =	
15.	7 + 8 =		37.	6 + 9 =	
16.	7 + 4 =		38.	9 + 7 =	
17.	10 + 4 =		39.	7 + 9 =	
18.	6 + 5 =		40.	6 + 6 =	
19.	7 + 5 =		41.	7 + 7 =	
20.	9 + 5 =		42.	8 + 8 =	
21.	5 + 9 =		43.	9 + 9 =	
22.	10 + 8 =		44.	4 + 9 =	

Leçon 17 : Comparer deux nombres à trois chiffres en utilisant <, > et = lorsqu'il y a plus de 9 unités ou 9 dizaines.

A

Réponses correctes : _____

Sommes – Traverser une dizaine

1.	9 + 2 =		23.	4 + 7 =	
2.	9 + 3 =		24.	4 + 8 =	
3.	9 + 4 =		25.	5 + 6 =	
4.	9 + 7 =		26.	5 + 7 =	
5.	7 + 9 =		27.	3 + 8 =	
6.	10 + 1 =		28.	3 + 9 =	
7.	10 + 2 =		29.	2 + 9 =	
8.	10 + 3 =		30.	5 + 10 =	
9.	10 + 8 =		31.	5 + 8 =	
10.	8 + 10 =		32.	9 + 6 =	
11.	8 + 3 =		33.	6 + 9 =	
12.	8 + 4 =		34.	7 + 6 =	
13.	8 + 5 =		35.	6 + 7 =	
14.	8 + 9 =		36.	8 + 6 =	
15.	9 + 8 =		37.	6 + 8 =	
16.	7 + 4 =		38.	8 + 7 =	
17.	10 + 5 =		39.	7 + 8 =	
18.	6 + 5 =		40.	6 + 6 =	
19.	7 + 5 =		41.	7 + 7 =	
20.	9 + 5 =		42.	8 + 8 =	
21.	5 + 9 =		43.	9 + 9 =	
22.	10 + 6 =		44.	4 + 9 =	

Leçon 18 : Organiser les nombres de différentes façons. (Facultatif)

B

Sommes – Traverser une dizaine

Réponses correctes : _____

Amélioration : _____

1.	10 + 1 =			23.	5 + 6 =	
2.	10 + 2 =			24.	5 + 7 =	
3.	10 + 3 =			25.	4 + 7 =	
4.	10 + 9 =			26.	4 + 8 =	
5.	9 + 10 =			27.	4 + 10 =	
6.	9 + 2 =			28.	3 + 8 =	
7.	9 + 3 =			29.	3 + 9 =	
8.	9 + 4 =			30.	2 + 9 =	
9.	9 + 8 =			31.	5 + 8 =	
10.	8 + 9 =			32.	7 + 6 =	
11.	8 + 3 =			33.	6 + 7 =	
12.	8 + 4 =			34.	8 + 6 =	
13.	8 + 5 =			35.	6 + 8 =	
14.	8 + 7 =			36.	9 + 6 =	
15.	7 + 8 =			37.	6 + 9 =	
16.	7 + 4 =			38.	9 + 7 =	
17.	10 + 4 =			39.	7 + 9 =	
18.	6 + 5 =			40.	6 + 6 =	
19.	7 + 5 =			41.	7 + 7 =	
20.	9 + 5 =			42.	8 + 8 =	
21.	5 + 9 =			43.	9 + 9 =	
22.	10 + 8 =			44.	4 + 9 =	

Leçon 18 : Organiser les nombres de différentes façons. (Facultatif)

A

Réponses correctes : _____

Différences

1.	3 - 1 =		23.	7 - 4 =	
2.	13 - 1 =		24.	17 - 4 =	
3.	5 - 1 =		25.	7 - 5 =	
4.	15 - 1 =		26.	17 - 5 =	
5.	7 - 1 =		27.	9 - 5 =	
6.	17 - 1 =		28.	19 - 5 =	
7.	4 - 2 =		29.	7 - 6 =	
8.	14 - 2 =		30.	17 - 6 =	
9.	6 - 2 =		31.	9 - 6 =	
10.	16 - 2 =		32.	19 - 6 =	
11.	8 - 2 =		33.	8 - 7 =	
12.	18 - 2 =		34.	18 - 7 =	
13.	4 - 3 =		35.	9 - 8 =	
14.	14 - 3 =		36.	19 - 8 =	
15.	6 - 3 =		37.	7 - 3 =	
16.	16 - 3 =		38.	17 - 3 =	
17.	8 - 3 =		39.	5 - 4 =	
18.	18 - 3 =		40.	15 - 4 =	
19.	6 - 4 =		41.	8 - 5 =	
20.	16 - 4 =		42.	18 - 5 =	
21.	8 - 4 =		43.	8 - 6 =	
22.	18 - 4 =		44.	18 - 6 =	

Leçon 19 : Modéliser et faire usage du langage pour expliquer 1 de plus et 1 de moins, 10 de plus et 10 de moins et 100 de plus et 100 de moins.

B

Différences

Réponses correctes : _____

Amélioration : _____

1.	2 - 1 =		23.	9 - 4 =	
2.	12 - 1 =		24.	19 - 4 =	
3.	4 - 1 =		25.	6 - 5 =	
4.	14 - 1 =		26.	16 - 5 =	
5.	6 - 1 =		27.	8 - 5 =	
6.	16 - 1 =		28.	18 - 5 =	
7.	3 - 2 =		29.	8 - 6 =	
8.	13 - 2 =		30.	18 - 6 =	
9.	5 - 2 =		31.	9 - 6 =	
10.	15 - 2 =		32.	19 - 6 =	
11.	7 - 2 =		33.	9 - 7 =	
12.	17 - 2 =		34.	19 - 7 =	
13.	5 - 3 =		35.	9 - 8 =	
14.	15 - 3 =		36.	19 - 8 =	
15.	7 - 3 =		37.	8 - 3 =	
16.	17 - 3 =		38.	18 - 3 =	
17.	9 - 3 =		39.	6 - 4 =	
18.	19 - 3 =		40.	16 - 4 =	
19.	5 - 4 =		41.	9 - 5 =	
20.	15 - 4 =		42.	19 - 5 =	
21.	7 - 4 =		43.	7 - 6 =	
22.	17 - 4 =		44.	17 - 6 =	

Leçon 19 : Modéliser et faire usage du langage pour expliquer 1 de plus et 1 de moins, 10 de plus et 10 de moins et 100 de plus et 100 de moins.

A

Réponses correctes : _____

Différences

1.	3 – 1 =			23.	7 – 4 =	
2.	13 – 1 =			24.	17 – 4 =	
3.	5 – 1 =			25.	7 – 5 =	
4.	15 – 1 =			26.	17 – 5 =	
5.	7 – 1 =			27.	9 – 5 =	
6.	17 – 1 =			28.	19 – 5 =	
7.	4 – 2 =			29.	7 – 6 =	
8.	14 – 2 =			30.	17 – 6 =	
9.	6 – 2 =			31.	9 – 6 =	
10.	16 – 2 =			32.	19 – 6 =	
11.	8 – 2 =			33.	8 – 7 =	
12.	18 – 2 =			34.	18 – 7 =	
13.	4 – 3 =			35.	9 – 8 =	
14.	14 – 3 =			36.	19 – 8 =	
15.	6 – 3 =			37.	7 – 3 =	
16.	16 – 3 =			38.	17 – 3 =	
17.	8 – 3 =			39.	5 – 4 =	
18.	18 – 3 =			40.	15 – 4 =	
19.	6 – 4 =			41.	8 – 5 =	
20.	16 – 4 =			42.	18 – 5 =	
21.	8 – 4 =			43.	8 – 6 =	
22.	18 – 4 =			44.	18 – 6 =	

Leçon 20 : Modéliser 1 de plus et 1 de moins, 10 de plus et 10 de moins et 100 de plus et 100 de moins en changeant la place des centaines.

B

Réponses correctes : _____

Différences

Amélioration : _____

#	Question		#	Question	
1.	2 − 1 =		23.	9 − 4 =	
2.	12 − 1 =		24.	19 − 4 =	
3.	4 − 1 =		25.	6 − 5 =	
4.	14 − 1 =		26.	16 − 5 =	
5.	6 − 1 =		27.	8 − 5 =	
6.	16 − 1 =		28.	18 − 5 =	
7.	3 − 2 =		29.	8 − 6 =	
8.	13 − 2 =		30.	18 − 6 =	
9.	5 − 2 =		31.	9 − 6 =	
10.	15 − 2 =		32.	19 − 6 =	
11.	7 − 2 =		33.	9 − 7 =	
12.	17 − 2 =		34.	19 − 7 =	
13.	5 − 3 =		35.	9 − 8 =	
14.	15 − 3 =		36.	19 − 8 =	
15.	7 − 3 =		37.	8 − 3 =	
16.	17 − 3 =		38.	18 − 3 =	
17.	9 − 3 =		39.	6 − 4 =	
18.	19 − 3 =		40.	16 − 4 =	
19.	5 − 4 =		41.	9 − 5 =	
20.	15 − 4 =		42.	19 − 5 =	
21.	7 − 4 =		43.	7 − 6 =	
22.	17 − 4 =		44.	17 − 6 =	

Leçon 20 : Modéliser 1 de plus et 1 de moins, 10 de plus et 10 de moins et 100 de plus et 100 de moins en changeant la place des centaines.

A

Réponses correctes : _____

Différences

1.	10 − 5 =		23.	11 − 3 =	
2.	10 − 0 =		24.	10 − 9 =	
3.	10 − 1 =		25.	11 − 9 =	
4.	10 − 9 =		26.	10 − 5 =	
5.	10 − 8 =		27.	11 − 5 =	
6.	10 − 2 =		28.	10 − 7 =	
7.	10 − 3 =		29.	11 − 7 =	
8.	10 − 7 =		30.	10 − 8 =	
9.	10 − 6 =		31.	11 − 8 =	
10.	10 − 4 =		32.	10 − 6 =	
11.	10 − 8 =		33.	11 − 6 =	
12.	10 − 3 =		34.	10 − 4 =	
13.	10 − 6 =		35.	11 − 4 =	
14.	10 − 9 =		36.	10 − 9 =	
15.	10 − 0 =		37.	12 − 9 =	
16.	10 − 5 =		38.	10 − 5 =	
17.	10 − 7 =		39.	12 − 5 =	
18.	10 − 2 =		40.	10 − 7 =	
19.	10 − 4 =		41.	12 − 7 =	
20.	10 − 1 =		42.	10 − 8 =	
21.	11 − 1 =		43.	12 − 8 =	
22.	11 − 2 =		44.	15 − 9 =	

Leçon 21 : Terminer un modèle en comptant en additionnant ou en soustrayant.

Copyright © Great Minds PBC

B

Différences

Réponses correctes : _____

Amélioration : _____

1.	10 - 0 =		23.	11 - 3 =	
2.	10 - 5 =		24.	10 - 5 =	
3.	10 - 9 =		25.	11 - 5 =	
4.	10 - 1 =		26.	10 - 9 =	
5.	10 - 2 =		27.	11 - 9 =	
6.	10 - 8 =		28.	10 - 8 =	
7.	10 - 7 =		29.	11 - 8 =	
8.	10 - 3 =		30.	10 - 7 =	
9.	10 - 4 =		31.	11 - 7 =	
10.	10 - 6 =		32.	10 - 4 =	
11.	10 - 2 =		33.	11 - 4 =	
12.	10 - 7 =		34.	10 - 6 =	
13.	10 - 4 =		35.	11 - 6 =	
14.	10 - 1 =		36.	10 - 5 =	
15.	10 - 0 =		37.	12 - 5 =	
16.	10 - 5 =		38.	10 - 9 =	
17.	10 - 3 =		39.	12 - 9 =	
18.	10 - 8 =		40.	10 - 8 =	
19.	10 - 6 =		41.	12 - 8 =	
20.	10 - 9 =		42.	10 - 7 =	
21.	11 - 1 =		43.	12 - 7 =	
22.	11 - 2 =		44.	14 - 9 =	

2ᵉ année

Module 4

UNE HISTOIRE D'UNITÉS　　　　　　　　　　　　　　　　　　　　　Leçon 3 Sprint

A
Nombre correct : _____

Additionner et soustraire des dizaines et des unités

1.	3 + 1 =		23.	50 + 30 =	
2.	30 + 10 =		24.	54 + 30 =	
3.	31 + 10 =		25.	54 + 3 =	
4.	31 + 1 =		26.	50 − 30 =	
5.	3 − 1 =		27.	59 − 30 =	
6.	30 − 10 =		28.	59 − 3 =	
7.	35 − 10 =		29.	67 + 30 =	
8.	35 − 1 =		30.	67 − 30 =	
9.	47 + 10 =		31.	67 − 3 =	
10.	10 − 1 =		32.	40 − 3 =	
11.	80 − 1 =		33.	42 − 3 =	
12.	40 + 20 =		34.	30 + 40 =	
13.	43 + 20 =		35.	32 + 40 =	
14.	43 + 2 =		36.	32 + 4 =	
15.	40 − 20 =		37.	70 − 40 =	
16.	45 − 20 =		38.	76 − 40 =	
17.	45 − 2 =		39.	76 − 4 =	
18.	57 + 2 =		40.	53 + 40 =	
19.	57 − 20 =		41.	53 + 4 =	
20.	10 − 2 =		42.	53 − 40 =	
21.	50 − 2 =		43.	90 − 4 =	
22.	51 − 2 =		44.	92 − 4 =	

Leçon 3 : Additionner et soustraire des multiples de 10 et des unités dans des nombres en dessous de 100.

B

Additionner et soustraire des dizaines et des unités

Nombre correct : _____

Amélioration : _____

1.	2 + 1 =		23.	40 + 30 =	
2.	20 + 10 =		24.	45 + 30 =	
3.	21 + 10 =		25.	45 + 3 =	
4.	21 + 1 =		26.	40 − 30 =	
5.	2 − 1 =		27.	49 − 30 =	
6.	20 − 10 =		28.	49 − 3 =	
7.	25 − 10 =		29.	57 + 30 =	
8.	25 − 1 =		30.	57 − 30 =	
9.	37 + 10 =		31.	57 − 3 =	
10.	10 − 1 =		32.	50 − 3 =	
11.	70 − 1 =		33.	52 − 3 =	
12.	50 + 20 =		34.	20 + 40 =	
13.	53 + 20 =		35.	23 + 40 =	
14.	53 + 2 =		36.	23 + 4 =	
15.	50 − 20 =		37.	80 − 40 =	
16.	54 − 20 =		38.	86 − 40 =	
17.	54 − 2 =		39.	86 − 4 =	
18.	64 + 2 =		40.	43 + 40 =	
19.	64 − 20 =		41.	43 + 4 =	
20.	10 − 2 =		42.	63 − 40 =	
21.	60 − 2 =		43.	80 − 4 =	
22.	61 − 2 =		44.	82 − 4 =	

Leçon 3 : Additionner et soustraire des multiples de 10 et des unités dans des nombres en dessous de 100.

A

Nombre correct : _____

Additionner des nombres de dix à dix-neuf

1.	9 + 1 =		23.	7 + 3 =	
2.	9 + 2 =		24.	7 + 4 =	
3.	9 + 3 =		25.	7 + 5 =	
4.	9 + 9 =		26.	7 + 9 =	
5.	8 + 2 =		27.	6 + 4 =	
6.	8 + 3 =		28.	6 + 5 =	
7.	8 + 4 =		29.	6 + 6 =	
8.	8 + 9 =		30.	6 + 9 =	
9.	9 + 1 =		31.	5 + 5 =	
10.	9 + 4 =		32.	5 + 6 =	
11.	9 + 5 =		33.	5 + 7 =	
12.	9 + 8 =		34.	5 + 9 =	
13.	8 + 2 =		35.	4 + 6 =	
14.	8 + 5 =		36.	4 + 7 =	
15.	8 + 6 =		37.	4 + 9 =	
16.	8 + 8 =		38.	3 + 7 =	
17.	9 + 1 =		39.	3 + 9 =	
18.	9 + 7 =		40.	5 + 8 =	
19.	8 + 2 =		41.	2 + 8 =	
20.	8 + 7 =		42.	4 + 8 =	
21.	9 + 1 =		43.	1 + 9 =	
22.	9 + 6 =		44.	2 + 9 =	

Leçon 9 : Utiliser des dessins mathématiques pour représenter la composition en ajoutant un nombre à deux chiffres à un nombre à trois chiffres.

B

Additionner des nombres de dix à dix-neuf

Nombre correct : _____

Amélioration : _____

1.	8 + 2 =		23.	7 + 3 =	
2.	8 + 3 =		24.	7 + 4 =	
3.	8 + 4 =		25.	7 + 5 =	
4.	8 + 8 =		26.	7 + 8 =	
5.	9 + 1 =		27.	6 + 4 =	
6.	9 + 2 =		28.	6 + 5 =	
7.	9 + 3 =		29.	6 + 6 =	
8.	9 + 8 =		30.	6 + 8 =	
9.	8 + 2 =		31.	5 + 5 =	
10.	8 + 5 =		32.	5 + 6 =	
11.	8 + 6 =		33.	5 + 7 =	
12.	8 + 9 =		34.	5 + 8 =	
13.	9 + 1 =		35.	4 + 6 =	
14.	9 + 4 =		36.	4 + 7 =	
15.	9 + 5 =		37.	4 + 8 =	
16.	9 + 9 =		38.	3 + 7 =	
17.	9 + 1 =		39.	3 + 9 =	
18.	9 + 7 =		40.	5 + 9 =	
19.	8 + 2 =		41.	2 + 8 =	
20.	8 + 7 =		42.	4 + 9 =	
21.	9 + 1 =		43.	1 + 9 =	
22.	9 + 6 =		44.	2 + 9 =	

Leçon 9 : Utiliser des dessins mathématiques pour représenter la composition en ajoutant un nombre à deux chiffres à un nombre à trois chiffres.

A

Nombre correct : _____

Soustraire des nombres de dix à dix-neuf

1.	11 − 10 =		23.	19 − 9 =	
2.	12 − 10 =		24.	15 − 6 =	
3.	13 − 10 =		25.	15 − 7 =	
4.	19 − 10 =		26.	15 − 9 =	
5.	11 − 1 =		27.	20 − 10 =	
6.	12 − 2 =		28.	14 − 5 =	
7.	13 − 3 =		29.	14 − 6 =	
8.	17 − 7 =		30.	14 − 7 =	
9.	11 − 2 =		31.	14 − 9 =	
10.	11 − 3 =		32.	15 − 5 =	
11.	11 − 4 =		33.	17 − 8 =	
12.	11 − 8 =		34.	17 − 9 =	
13.	18 − 8 =		35.	18 − 8 =	
14.	13 − 4 =		36.	16 − 7 =	
15.	13 − 5 =		37.	16 − 8 =	
16.	13 − 6 =		38.	16 − 9 =	
17.	13 − 8 =		39.	17 − 10 =	
18.	16 − 6 =		40.	12 − 8 =	
19.	12 − 3 =		41.	18 − 9 =	
20.	12 − 4 =		42.	11 − 9 =	
21.	12 − 5 =		43.	15 − 8 =	
22.	12 − 9 =		44.	13 − 7 =	

Leçon 10 : Utiliser des dessins mathématiques pour représenter la composition en ajoutant un nombre à deux chiffres à un nombre à trois chiffres.

B

Soustraire des nombres de dix à dix-neuf

Nombre correct : _____

Amélioration : _____

1.	11 – 1 =		23.	16 – 6 =	
2.	12 – 2 =		24.	14 – 5 =	
3.	13 – 3 =		25.	14 – 6 =	
4.	18 – 8 =		26.	14 – 7 =	
5.	11 – 10 =		27.	14 – 9 =	
6.	12 – 10 =		28.	20 – 10 =	
7.	13 – 10 =		29.	15 – 6 =	
8.	18 – 10 =		30.	15 – 7 =	
9.	11 – 2 =		31.	15 – 9 =	
10.	11 – 3 =		32.	14 – 4 =	
11.	11 – 4 =		33.	16 – 7 =	
12.	11 – 7 =		34.	16 – 8 =	
13.	19 – 9 =		35.	16 – 9 =	
14.	12 – 3 =		36.	20 – 10 =	
15.	12 – 4 =		37.	17 – 8 =	
16.	12 – 5 =		38.	17 – 9 =	
17.	12 – 8 =		39.	16 – 10 =	
18.	17 – 7 =		40.	18 – 9 =	
19.	13 – 4 =		41.	12 – 9 =	
20.	13 – 5 =		42.	13 – 7 =	
21.	13 – 6 =		43.	11 – 8 =	
22.	13 – 9 =		44.	15 – 8 =	

Leçon 10 : Utiliser des dessins mathématiques pour représenter la composition en ajoutant un nombre à deux chiffres à un nombre à trois chiffres.

Copyright © Great Minds PBC

UNE HISTOIRE D'UNITÉS Leçon 13 Sprint 2•4

A

Nombre correct : _____

Modèles de soustraction

1.	10 - 5 =	
2.	20 - 5 =	
3.	30 - 5 =	
4.	10 - 2 =	
5.	20 - 2 =	
6.	30 - 2 =	
7.	11 - 2 =	
8.	21 - 2 =	
9.	31 - 2 =	
10.	10 - 8 =	
11.	11 - 8 =	
12.	21 - 8 =	
13.	31 - 8 =	
14.	14 - 5 =	
15.	24 - 5 =	
16.	34 - 5 =	
17.	15 - 6 =	
18.	25 - 6 =	
19.	35 - 6 =	
20.	10 - 7 =	
21.	20 - 8 =	
22.	30 - 9 =	

23.	14 - 6 =	
24.	24 - 6 =	
25.	34 - 6 =	
26.	15 - 7 =	
27.	25 - 7 =	
28.	35 - 7 =	
29.	11 - 4 =	
30.	21 - 4 =	
31.	31 - 4 =	
32.	12 - 6 =	
33.	22 - 6 =	
34.	32 - 6 =	
35.	21 - 6 =	
36.	31 - 6 =	
37.	12 - 8 =	
38.	32 - 8 =	
39.	21 - 8 =	
40.	31 - 8 =	
41.	28 - 9 =	
42.	27 - 8 =	
43.	38 - 9 =	
44.	37 - 8 =	

Leçon 13 : Utiliser des dessins mathématiques pour représenter la soustraction avec et sans décomposition et associer les dessins à une méthode écrite.

Copyright © Great Minds PBC

B

Modèles de soustraction

Nombre correct : _____

Amélioration : _____

1.	10 – 1 =		23.	13 – 5 =	
2.	20 – 1 =		24.	23 – 5 =	
3.	30 – 1 =		25.	33 – 5 =	
4.	10 – 3 =		26.	16 – 8 =	
5.	20 – 3 =		27.	26 – 8 =	
6.	30 – 3 =		28.	36 – 8 =	
7.	12 – 3 =		29.	12 – 5 =	
8.	22 – 3 =		30.	22 – 5 =	
9.	32 – 3 =		31.	32 – 5 =	
10.	10 – 9 =		32.	11 – 5 =	
11.	11 – 9 =		33.	21 – 5 =	
12.	21 – 9 =		34.	31 – 5 =	
13.	31 – 9 =		35.	12 – 7 =	
14.	13 – 4 =		36.	22 – 7 =	
15.	23 – 4 =		37.	11 – 7 =	
16.	33 – 4 =		38.	31 – 7 =	
17.	16 – 7 =		39.	22 – 9 =	
18.	26 – 7 =		40.	32 – 9 =	
19.	36 – 7 =		41.	38 – 9 =	
20.	10 – 6 =		42.	37 – 8 =	
21.	20 – 7 =		43.	28 – 9 =	
22.	30 – 8 =		44.	27 – 8 =	

A

Nombre correct : _____

Soustraction à deux chiffres

1.	53 – 2 =			23.	84 – 40 =	
2.	65 – 3 =			24.	80 – 50 =	
3.	77 – 4 =			25.	86 – 50 =	
4.	89 – 5 =			26.	70 – 60 =	
5.	99 – 6 =			27.	77 – 60 =	
6.	28 – 7 =			28.	80 – 70 =	
7.	39 – 8 =			29.	88 – 70 =	
8.	31 – 2 =			30.	48 – 4 =	
9.	41 – 3 =			31.	80 – 40 =	
10.	51 – 4 =			32.	81 – 40 =	
11.	61 – 5 =			33.	46 – 3 =	
12.	30 – 9 =			34.	60 – 30 =	
13.	40 – 8 =			35.	68 – 30 =	
14.	50 – 7 =			36.	67 – 4 =	
15.	60 – 6 =			37.	67 – 40 =	
16.	40 – 30 =			38.	89 – 6 =	
17.	41 – 30 =			39.	89 – 60 =	
18.	40 – 20 =			40.	76 – 2 =	
19.	42 – 20 =			41.	76 – 20 =	
20.	80 – 50 =			42.	54 – 6 =	
21.	85 – 50 =			43.	65 – 8 =	
22.	80 – 40 =			44.	87 – 9 =	

Leçon 15 : Représenter une soustraction avec et sans décomposition en présence d'un diminuende (nombre duquel on soustrait)

B

Soustraction à deux chiffres

Nombre correct : _____

Amélioration : _____

1.	43 − 2 =		23.	94 − 50 =	
2.	55 − 3 =		24.	90 − 60 =	
3.	67 − 4 =		25.	96 − 60 =	
4.	79 − 5 =		26.	80 − 70 =	
5.	89 − 6 =		27.	87 − 70 =	
6.	98 − 7 =		28.	90 − 80 =	
7.	29 − 8 =		29.	98 − 80 =	
8.	21 − 2 =		30.	39 − 4 =	
9.	31 − 3 =		31.	90 − 40 =	
10.	41 − 4 =		32.	91 − 40 =	
11.	51 − 5 =		33.	47 − 3 =	
12.	20 − 9 =		34.	70 − 30 =	
13.	30 − 8 =		35.	78 − 30 =	
14.	40 − 7 =		36.	68 − 4 =	
15.	50 − 6 =		37.	68 − 40 =	
16.	30 − 20 =		38.	89 − 7 =	
17.	31 − 20 =		39.	89 − 70 =	
18.	50 − 30 =		40.	56 − 2 =	
19.	52 − 30 =		41.	56 − 20 =	
20.	70 − 40 =		42.	34 − 6 =	
21.	75 − 40 =		43.	45 − 8 =	
22.	90 − 50 =		44.	57 − 9 =	

Leçon 15 : Représenter une soustraction avec et sans décomposition en présence d'un diminuende (nombre duquel on soustrait)

Copyright © Great Minds PBC

A

Nombre correct : _____

Addition en croisant une dizaine

1.	38 + 1 =		23.	85 + 7 =	
2.	47 + 2 =		24.	85 + 9 =	
3.	56 + 3 =		25.	76 + 4 =	
4.	65 + 4 =		26.	76 + 5 =	
5.	31 + 8 =		27.	76 + 6 =	
6.	42 + 7 =		28.	76 + 9 =	
7.	53 + 6 =		29.	64 + 6 =	
8.	64 + 5 =		30.	64 + 7 =	
9.	49 + 1 =		31.	76 + 8 =	
10.	49 + 2 =		32.	43 + 7 =	
11.	49 + 3 =		33.	43 + 8 =	
12.	49 + 5 =		34.	43 + 9 =	
13.	58 + 2 =		35.	52 + 8 =	
14.	58 + 3 =		36.	52 + 9 =	
15.	58 + 4 =		37.	59 + 1 =	
16.	58 + 6 =		38.	59 + 3 =	
17.	67 + 3 =		39.	58 + 2 =	
18.	57 + 4 =		40.	58 + 4 =	
19.	57 + 5 =		41.	77 + 3 =	
20.	57 + 7 =		42.	77 + 5 =	
21.	85 + 5 =		43.	35 + 5 =	
22.	85 + 6 =		44.	35 + 8 =	

Leçon 18 : Utiliser du matériel de manipulation pour représenter des additions avec deux compositions.

B

Addition en croisant une dizaine

Nombre correct : _____

Amélioration : _____

1.	28 + 1 =	
2.	37 + 2 =	
3.	46 + 3 =	
4.	55 + 4 =	
5.	21 + 8 =	
6.	32 + 7 =	
7.	43 + 6 =	
8.	54 + 5 =	
9.	39 + 1 =	
10.	39 + 2 =	
11.	39 + 3 =	
12.	39 + 5 =	
13.	48 + 2 =	
14.	48 + 3 =	
15.	48 + 4 =	
16.	48 + 6 =	
17.	57 + 3 =	
18.	57 + 4 =	
19.	57 + 5 =	
20.	57 + 7 =	
21.	75 + 5 =	
22.	75 + 6 =	

23.	75 + 7 =	
24.	75 + 9 =	
25.	66 + 4 =	
26.	66 + 5 =	
27.	66 + 6 =	
28.	66 + 9 =	
29.	54 + 6 =	
30.	54 + 7 =	
31.	54 + 8 =	
32.	33 + 7 =	
33.	33 + 8 =	
34.	33 + 9 =	
35.	42 + 8 =	
36.	42 + 9 =	
37.	49 + 1 =	
38.	49 + 3 =	
39.	58 + 2 =	
40.	58 + 4 =	
41.	67 + 3 =	
42.	67 + 5 =	
43.	85 + 5 =	
44.	85 + 8 =	

Leçon 18 : Utiliser du matériel de manipulation pour représenter des additions avec deux compositions.

Leçon 20 Sprint

A

Nombre correct : _____

Addition en croisant une dizaine

1.	38 + 1 =	
2.	47 + 2 =	
3.	56 + 3 =	
4.	65 + 4 =	
5.	31 + 8 =	
6.	42 + 7 =	
7.	53 + 6 =	
8.	64 + 5 =	
9.	49 + 1 =	
10.	49 + 2 =	
11.	49 + 3 =	
12.	49 + 5 =	
13.	58 + 2 =	
14.	58 + 3 =	
15.	58 + 4 =	
16.	58 + 4 =	
17.	67 + 3 =	
18.	57 + 4 =	
19.	57 + 5 =	
20.	57 + 7 =	
21.	85 + 5 =	
22.	85 + 6 =	

23.	85 + 7 =	
24.	85 + 9 =	
25.	76 + 4 =	
26.	76 + 5 =	
27.	76 + 6 =	
28.	76 + 9 =	
29.	64 + 6 =	
30.	64 + 7 =	
31.	76 + 8 =	
32.	43 + 7 =	
33.	43 + 8 =	
34.	43 + 9 =	
35.	52 + 8 =	
36.	52 + 9 =	
37.	59 + 1 =	
38.	59 + 3 =	
39.	58 + 2 =	
40.	58 + 4 =	
41.	77 + 3 =	
42.	77 + 5 =	
43.	35 + 5 =	
44.	35 + 8 =	

Leçon 20 : Utiliser des dessins mathématiques pour représenter des additions avec jusqu'à deux compositions et associer les dessins à une méthode écrite.

B

Addition en croissant une dizaine

Nombre correct : _____

Amélioration : _____

1.	28 + 1 =		23.	75 + 7 =	
2.	37 + 2 =		24.	75 + 9 =	
3.	46 + 3 =		25.	66 + 4 =	
4.	55 + 4 =		26.	66 + 5 =	
5.	21 + 8 =		27.	66 + 6 =	
6.	32 + 7 =		28.	66 + 9 =	
7.	43 + 6 =		29.	54 + 6 =	
8.	54 + 5 =		30.	54 + 7 =	
9.	39 + 1 =		31.	54 + 8 =	
10.	39 + 2 =		32.	33 + 7 =	
11.	39 + 3 =		33.	33 + 8 =	
12.	39 + 5 =		34.	33 + 9 =	
13.	48 + 2 =		35.	42 + 8 =	
14.	48 + 3 =		36.	42 + 9 =	
15.	48 + 4 =		37.	49 + 1 =	
16.	48 + 6 =		38.	49 + 3 =	
17.	57 + 3 =		39.	58 + 2 =	
18.	57 + 4 =		40.	58 + 4 =	
19.	57 + 5 =		41.	67 + 3 =	
20.	57 + 7 =		42.	67 + 5 =	
21.	75 + 5 =		43.	85 + 5 =	
22.	75 + 6 =		44.	85 + 8 =	

A

Nombre correct : _____

Modèles de soustraction

1.	10 – 1 =	
2.	10 – 2 =	
3.	20 – 2 =	
4.	40 – 2 =	
5.	10 – 2 =	
6.	11 – 2 =	
7.	21 – 2 =	
8.	51 – 2 =	
9.	10 – 3 =	
10.	11 – 3 =	
11.	21 – 3 =	
12.	61 – 3 =	
13.	10 – 4 =	
14.	11 – 4 =	
15.	21 – 4 =	
16.	71 – 4 =	
17.	10 – 5 =	
18.	11 – 5 =	
19.	21 – 5 =	
20.	81 – 5 =	
21.	10 – 6 =	
22.	11 – 6 =	

23.	21 – 6 =	
24.	91 – 6 =	
25.	10 – 7 =	
26.	11 – 7 =	
27.	31 – 7 =	
28.	10 – 8 =	
29.	11 – 8 =	
30.	41 – 8 =	
31.	10 – 9 =	
32.	11 – 9 =	
33.	51 – 9 =	
34.	12 – 3 =	
35.	82 – 3 =	
36.	13 – 5 =	
37.	73 – 5 =	
38.	14 – 6 =	
39.	84 – 6 =	
40.	15 – 8 =	
41.	95 – 8 =	
42.	16 – 7 =	
43.	46 – 7 =	
44.	68 – 9 =	

Leçon 23 : Utiliser des liaisons numériques pour séparer les diminuendes (nombres desquels on soustrait) à trois chiffres et soustraire de la centaine.

Copyright © Great Minds PBC

B

Modèles de soustraction

Nombre correct : _____

Amélioration : _____

1.	10 - 2 =	
2.	20 - 2 =	
3.	30 - 2 =	
4.	50 - 2 =	
5.	10 - 2 =	
6.	11 - 2 =	
7.	21 - 2 =	
8.	61 - 2 =	
9.	10 - 3 =	
10.	11 - 3 =	
11.	21 - 3 =	
12.	71 - 3 =	
13.	10 - 4 =	
14.	11 - 4 =	
15.	21 - 4 =	
16.	81 - 4 =	
17.	10 - 5 =	
18.	11 - 5 =	
19.	21 - 5 =	
20.	91 - 5 =	
21.	10 - 6 =	
22.	11 - 6 =	

23.	21 - 6 =	
24.	41 - 6 =	
25.	10 - 7 =	
26.	11 - 7 =	
27.	51 - 7 =	
28.	10 - 8 =	
29.	11 - 8 =	
30.	61 - 8 =	
31.	10 - 9 =	
32.	11 - 9 =	
33.	31 - 9 =	
34.	12 - 3 =	
35.	92 - 3 =	
36.	13 - 5 =	
37.	43 - 5 =	
38.	14 - 6 =	
39.	64 - 6 =	
40.	15 - 8 =	
41.	85 - 8 =	
42.	16 - 7 =	
43.	76 - 7 =	
44.	58 - 9 =	

Leçon 23 : Utiliser des liaisons numériques pour séparer les diminuendes (nombres desquels on soustrait) à trois chiffres et soustraire de la centaine.

A

Modèles de soustraction

Nombre correct : _____

1.	30 − 1 =	
2.	40 − 2 =	
3.	50 − 3 =	
4.	50 − 4 =	
5.	50 − 5 =	
6.	50 − 9 =	
7.	51 − 9 =	
8.	61 − 9 =	
9.	81 − 9 =	
10.	82 − 9 =	
11.	92 − 9 =	
12.	93 − 9 =	
13.	93 − 8 =	
14.	83 − 8 =	
15.	33 − 8 =	
16.	33 − 7 =	
17.	43 − 7 =	
18.	53 − 6 =	
19.	63 − 6 =	
20.	63 − 5 =	
21.	73 − 5 =	
22.	93 − 5 =	

23.	31 − 2 =	
24.	31 − 3 =	
25.	31 − 4 =	
26.	41 − 4 =	
27.	51 − 5 =	
28.	61 − 6 =	
29.	71 − 7 =	
30.	81 − 8 =	
31.	82 − 8 =	
32.	82 − 7 =	
33.	82 − 6 =	
34.	82 − 3 =	
35.	34 − 5 =	
36.	45 − 6 =	
37.	56 − 7 =	
38.	67 − 8 =	
39.	78 − 9 =	
40.	77 − 9 =	
41.	64 − 6 =	
42.	24 − 8 =	
43.	35 − 8 =	
44.	36 − 8 =	

Leçon 26 : Utiliser des dessins mathématiques pour représenter la soustraction jusqu'à deux décomposition et associer les dessins à une méthode écrite.

B

Modèles de soustraction

Nombre correct : _____

Amélioration : _____

1.	20 − 1 =			23.	21 − 2 =	
2.	30 − 2 =			24.	21 − 3 =	
3.	40 − 3 =			25.	21 − 4 =	
4.	40 − 4 =			26.	31 − 4 =	
5.	40 − 5 =			27.	41 − 5 =	
6.	40 − 9 =			28.	51 − 6 =	
7.	41 − 9 =			29.	61 − 7 =	
8.	51 − 9 =			30.	71 − 8 =	
9.	71 − 9 =			31.	72 − 8 =	
10.	72			32.	72 − 7 =	
11.	82			33.	72 − 6 =	
12.	83			34.	72 − 3 =	
13.	83 − 8 =			35.	24 − 5 =	
14.	93 − 8 =			36.	35 − 6 =	
15.	23 − 8 =			37.	46 − 7 =	
16.	23 − 7 =			38.	57 − 8 =	
17.	33 − 7 =			39.	68 − 9 =	
18.	43 − 6 =			40.	67 − 9 =	
19.	53 − 6 =			41.	54 − 6 =	
20.	53 − 5 =			42.	24 − 9 =	
21.	63 − 5 =			43.	35 − 9 =	
22.	83 − 5 =			44.	46 − 9 =	

Leçon 26 : Utiliser des dessins mathématiques pour représenter la soustraction jusqu'à deux décomposition et associer les dessins à une méthode écrite.

Leçon 27 Sprint

A

Nombre correct : _____

Soustraire d'une dizaine ou d'une centaine

1.	10 − 1 =		23.	100 − 82 =	
2.	100 − 10 =		24.	100 − 85 =	
3.	90 − 1 =		25.	100 − 15 =	
4.	100 − 11 =		26.	100 − 70 =	
5.	10 − 2 =		27.	100 − 71 =	
6.	100 − 20 =		28.	100 − 72 =	
7.	80 − 1 =		29.	100 − 75 =	
8.	100 − 21 =		30.	100 − 25 =	
9.	10 − 5 =		31.	100 − 10 =	
10.	100 − 50 =		32.	100 − 11 =	
11.	50 − 2 =		33.	100 − 12 =	
12.	100 − 52 =		34.	100 − 18 =	
13.	10 − 4 =		35.	100 − 82 =	
14.	100 − 40 =		36.	100 − 60 =	
15.	60 − 1 =		37.	100 − 6 =	
16.	100 − 41 =		38.	100 − 70 =	
17.	10 − 3 =		39.	100 − 7 =	
18.	100 − 30 =		40.	100 − 43 =	
19.	70 − 5 =		41.	100 − 8 =	
20.	100 − 35 =		42.	100 − 59 =	
21.	100 − 80 =		43.	100 − 4 =	
22.	100 − 81 =		44.	100 − 68 =	

Leçon 27 : Soustraire de 200 et des nombres avec des zéros à la place des dizaines.

B

Nombre correct : _____

Amélioration : _____

Soustraire d'une dizaine ou d'une centaine

1.	10 – 5 =		23.	100 – 72 =	
2.	100 – 50 =		24.	100 – 75 =	
3.	50 – 1 =		25.	100 – 25 =	
4.	100 – 51 =		26.	100 – 80 =	
5.	10 – 2 =		27.	100 – 81 =	
6.	100 – 20 =		28.	100 – 82 =	
7.	80 – 1 =		29.	100 – 85 =	
8.	100 – 21 =		30.	100 – 15 =	
9.	10 – 1 =		31.	100 – 10 =	
10.	100 – 10 =		32.	100 – 11 =	
11.	90 – 2 =		33.	100 – 12 =	
12.	100 – 12 =		34.	100 – 17 =	
13.	10 – 3 =		35.	100 – 83 =	
14.	100 – 30 =		36.	100 – 70 =	
15.	70 – 1 =		37.	100 – 7 =	
16.	100 – 31 =		38.	100 – 60 =	
17.	10 – 4 =		39.	100 – 6 =	
18.	100 – 40 =		40.	100 – 42 =	
19.	60 – 5 =		41.	100 – 4 =	
20.	100 – 45 =		42.	100 – 58 =	
21.	100 – 70 =		43.	100 – 8 =	
22.	100 – 71 =		44.	100 – 67 =	

Leçon 27 : Soustraire de 200 et des nombres avec des zéros à la place des dizaines.

UNE HISTOIRE D'UNITÉS Leçon 30 Sprint 2•4

A

Nombre correct : _____

Soustraction en croisant une dizaine

1.	30 − 1 =		23.	31 − 2 =	
2.	40 − 2 =		24.	31 − 3 =	
3.	50 − 3 =		25.	31 − 4 =	
4.	50 − 4 =		26.	41 − 4 =	
5.	50 − 5 =		27.	51 − 5 =	
6.	50 − 9 =		28.	61 − 6 =	
7.	51 − 9 =		29.	71 − 7 =	
8.	61 − 9 =		30.	81 − 8 =	
9.	81 − 9 =		31.	82 − 8 =	
10.	82 − 9 =		32.	82 − 7 =	
11.	92 − 9 =		33.	82 − 6 =	
12.	93 − 9 =		34.	82 − 3 =	
13.	93 − 8 =		35.	34 − 5 =	
14.	83 − 8 =		36.	45 − 6 =	
15.	33 − 8 =		37.	56 − 7 =	
16.	33 − 7 =		38.	67 − 8 =	
17.	43 − 7 =		39.	78 − 9 =	
18.	53 − 6 =		40.	77 − 9 =	
19.	63 − 6 =		41.	64 − 6 =	
20.	63 − 5 =		42.	24 − 8 =	
21.	73 − 5 =		43.	35 − 8 =	
22.	93 − 5 =		44.	36 − 8 =	

Leçon 30 : Comparer les totaux ci-dessous aux nouveaux groupes en tant que méthodes écrites.

Copyright © Great Minds PBC

B

Soustraction en croisant une dizaine

Nombre correct : _____

Amélioration : _____

1.	20 – 1 =		23.	21 – 2 =	
2.	30 – 2 =		24.	21 – 3 =	
3.	40 – 3 =		25.	21 – 4 =	
4.	40 – 4 =		26.	31 – 4 =	
5.	40 – 5 =		27.	41 – 5 =	
6.	40 – 9 =		28.	51 – 6 =	
7.	41 – 9 =		29.	61 – 7 =	
8.	51 – 9 =		30.	71 – 8 =	
9.	71 – 9 =		31.	72 – 8 =	
10.	72 – 9 =		32.	72 – 7 =	
11.	82 – 9 =		33.	72 – 6 =	
12.	83 – 9 =		34.	72 – 3 =	
13.	83 – 8 =		35.	24 – 5 =	
14.	93 – 8 =		36.	35 – 6 =	
15.	23 – 8 =		37.	46 – 7 =	
16.	23 – 7 =		38.	57 – 8 =	
17.	33 – 7 =		39.	68 – 9 =	
18.	43 – 6 =		40.	67 – 9 =	
19.	53 – 6 =		41.	54 – 6 =	
20.	53 – 5 =		42.	24 – 9 =	
21.	63 – 5 =		43.	35 – 9 =	
22.	83 – 5 =		44.	46 – 9 =	

Leçon 30 : Comparer les totaux ci-dessous aux nouveaux groupes en tant que méthodes écrites.

2e année
Module 5

A

Nombre correct : _____

Additionner des multiples de 10 et des unités

1.	40 + 3 =		23.	45 + 44 =	
2.	40 + 8 =		24.	44 + 45 =	
3.	40 + 9 =		25.	30 + 20 =	
4.	40 + 10 =		26.	34 + 20 =	
5.	41 + 10 =		27.	34 + 21 =	
6.	42 + 10 =		28.	34 + 25 =	
7.	45 + 10 =		29.	34 + 52 =	
8.	45 + 11 =		30.	50 + 30 =	
9.	45 + 12 =		31.	56 + 30 =	
10.	44 + 12 =		32.	56 + 31 =	
11.	43 + 12 =		33.	56 + 32 =	
12.	43 + 12 =		34.	32 + 56 =	
13.	13 + 43 =		35.	23 + 56 =	
14.	40 + 20 =		36.	24 + 75 =	
15.	41 + 20 =		37.	16 + 73 =	
16.	42 + 20 =		38.	34 + 54 =	
17.	42 + 20 =		39.	62 + 37 =	
18.	47 + 30 =		40.	45 + 34 =	
19.	47 + 40 =		41.	27 + 61 =	
20.	47 + 41 =		42.	16 + 72 =	
21.	47 + 42 =		43.	36 + 42 =	
22.	45 + 42 =		44.	32 + 54 =	

Leçon 3 : Additionner des multiples de 100 et des dizaines dans des nombres en dessous de 1000.

B

Nombre correct : _____

Amélioration : _____

Additionner des multiples de 10 et des unités

1.	50 + 3 =		23.	55 + 44 =	
2.	50 + 8 =		24.	44 + 55 =	
3.	50 + 9 =		25.	40 + 20 =	
4.	50 + 10 =		26.	44 + 20 =	
5.	51 + 10 =		27.	44 + 21 =	
6.	52 + 10 =		28.	44 + 25 =	
7.	55 + 10 =		29.	44 + 52 =	
8.	55 + 11 =		30.	60 + 30 =	
9.	55 + 12 =		31.	66 + 30 =	
10.	54 + 12 =		32.	66 + 31 =	
11.	53 + 12 =		33.	66 + 32 =	
12.	53 + 13 =		34.	32 + 66 =	
13.	13 + 43 =		35.	23 + 66 =	
14.	50 + 20 =		36.	25 + 74 =	
15.	51 + 20 =		37.	13 + 76 =	
16.	52 + 20 =		38.	43 + 45 =	
17.	57 + 20 =		39.	26 + 73 =	
18.	57 + 30 =		40.	54 + 43 =	
19.	57 + 40 =		41.	72 + 16 =	
20.	57 + 41 =		42.	61 + 27 =	
21.	57 + 42 =		43.	63 + 24 =	
22.	55 + 42 =		44.	32 + 45 =	

Leçon 3 : Additionner des multiples de 100 et des dizaines dans des nombres en dessous de 1000.

Copyright © Great Minds PBC

A

Nombre correct : _____

Soustraire des multiples de 10 et des unités

1.	33 − 22 =		23.	99 − 32 =	
2.	44 − 33 =		24.	86 − 32 =	
3.	55 − 44 =		25.	79 − 32 =	
4.	99 − 88 =		26.	79 − 23 =	
5.	33 − 11 =		27.	68 − 13 =	
6.	44 − 22 =		28.	69 − 23 =	
7.	55 − 33 =		29.	89 − 14 =	
8.	88 − 22 =		30.	77 − 12 =	
9.	66 − 22 =		31.	57 − 12 =	
10.	43 − 11 =		32.	77 − 32 =	
11.	34 − 11 =		33.	99 − 36 =	
12.	45 − 11 =		34.	88 − 25 =	
13.	46 − 12 =		35.	89 − 36 =	
14.	55 − 12 =		36.	98 − 16 =	
15.	54 − 12 =		37.	78 − 26 =	
16.	55 − 21 =		38.	99 − 37 =	
17.	64 − 21 =		39.	89 − 38 =	
18.	63 − 21 =		40.	59 − 28 =	
19.	45 − 21 =		41.	99 − 58 =	
20.	34 − 12 =		42.	99 − 45 =	
21.	43 − 21 =		43.	78 − 43 =	
22.	54 − 32 =		44.	98 − 73 =	

Leçon 4 : Soustraire des multiples de 100 et des dizaines dans des nombres en dessous de 1000.

Copyright © Great Minds PBC

B

Nombre correct : _____

Amélioration : _____

Soustraire des multiples de 10 et des unités

1.	33 − 11 =		23.	99 − 42 =	
2.	44 − 11 =		24.	79 − 32 =	
3.	55 − 11 =		25.	89 − 52 =	
4.	88 − 11 =		26.	99 − 23 =	
5.	33 − 22 =		27.	79 − 13 =	
6.	44 − 22 =		28.	79 − 23 =	
7.	55 − 22 =		29.	99 − 14 =	
8.	99 − 22 =		30.	87 − 12 =	
9.	77 − 22 =		31.	77 − 12 =	
10.	34 − 11 =		32.	87 − 32 =	
11.	43 − 11 =		33.	99 − 36 =	
12.	54 − 11 =		34.	78 − 25 =	
13.	55 − 12 =		35.	79 − 36 =	
14.	46 − 12 =		36.	88 − 16 =	
15.	44 − 12 =		37.	88 − 26 =	
16.	64 − 21 =		38.	89 − 37 =	
17.	55 − 21 =		39.	99 − 38 =	
18.	53 − 21 =		40.	69 − 28 =	
19.	44 − 21 =		41.	89 − 58 =	
20.	34 − 22 =		42.	99 − 45 =	
21.	43 − 22 =		43.	68 − 43 =	
22.	54 − 22 =		44.	68 − 43 =	

Leçon 4 : Soustraire des multiples de 100 et des dizaines dans des nombres en dessous de 1000.

A   Nombre correct : _____

Addition à deux chiffres

1.	38 + 1 =		23.	85 + 7 =	
2.	47 + 2 =		24.	85 + 9 =	
3.	56 + 3 =		25.	76 + 4 =	
4.	65 + 4 =		26.	76 + 5 =	
5.	31 + 8 =		27.	76 + 6 =	
6.	42 + 7 =		28.	76 + 9 =	
7.	53 + 6 =		29.	64 + 6 =	
8.	64 + 5 =		30.	64 + 7 =	
9.	49 + 1 =		31.	76 + 8 =	
10.	49 + 2 =		32.	43 + 7 =	
11.	49 + 3 =		33.	43 + 8 =	
12.	49 + 5 =		34.	43 + 9 =	
13.	58 + 2 =		35.	52 + 8 =	
14.	58 + 3 =		36.	52 + 9 =	
15.	58 + 4 =		37.	59 + 1 =	
16.	58 + 6 =		38.	59 + 3 =	
17.	67 + 3 =		39.	58 + 2 =	
18.	57 + 4 =		40.	58 + 4 =	
19.	57 + 5 =		41.	77 + 3 =	
20.	57 + 7 =		42.	77 + 5 =	
21.	85 + 5 =		43.	35 + 5 =	
22.	85 + 6 =		44.	35 + 8 =	

Leçon 8 : Relier les représentations de matériel de manipulation à l'algorithme d'addition.

B

Nombre correct : _____

Amélioration : _____

Addition à deux chiffres

1.	28 + 1 =		23.	75 + 7 =	
2.	37 + 2 =		24.	75 + 9 =	
3.	46 + 3 =		25.	66 + 4 =	
4.	55 + 4 =		26.	66 + 5 =	
5.	21 + 8 =		27.	66 + 6 =	
6.	32 + 7 =		28.	66 + 9 =	
7.	43 + 6 =		29.	54 + 6 =	
8.	54 + 5 =		30.	54 + 7 =	
9.	39 + 1 =		31.	54 + 8 =	
10.	39 + 2 =		32.	33 + 7 =	
11.	39 + 3 =		33.	33 + 8 =	
12.	39 + 5 =		34.	33 + 9 =	
13.	48 + 2 =		35.	42 + 8 =	
14.	48 + 3 =		36.	42 + 9 =	
15.	48 + 4 =		37.	49 + 1 =	
16.	48 + 6 =		38.	49 + 3 =	
17.	57 + 3 =		39.	58 + 2 =	
18.	57 + 4 =		40.	58 + 4 =	
19.	57 + 5 =		41.	67 + 3 =	
20.	57 + 7 =		42.	67 + 5 =	
21.	75 + 5 =		43.	85 + 5 =	
22.	75 + 6 =		44.	85 + 8 =	

Leçon 8 : Relier les représentations de matériel de manipulation à l'algorithme d'addition.

A

Nombre correct : _____

Addition en croisant des dizaines

1.	8 + 2 =		23.	18 + 6 =	
2.	18 + 2 =		24.	28 + 6 =	
3.	38 + 2 =		25.	16 + 8 =	
4.	7 + 3 =		26.	26 + 8 =	
5.	17 + 3 =		27.	18 + 7 =	
6.	37 + 3 =		28.	18 + 8 =	
7.	8 + 3 =		29.	28 + 7 =	
8.	18 + 3 =		30.	28 + 8 =	
9.	28 + 3 =		31.	15 + 9 =	
10.	6 + 5 =		32.	16 + 9 =	
11.	16 + 5 =		33.	25 + 9 =	
12.	26 + 5 =		34.	26 + 9 =	
13.	18 + 4 =		35.	14 + 7 =	
14.	28 + 4 =		36.	16 + 6 =	
15.	16 + 6 =		37.	15 + 8 =	
16.	26 + 6 =		38.	23 + 8 =	
17.	18 + 5 =		39.	25 + 7 =	
18.	28 + 5 =		40.	15 + 7 =	
19.	16 + 7 =		41.	24 + 7 =	
20.	26 + 7 =		42.	14 + 9 =	
21.	19 + 2 =		43.	19 + 8 =	
22.	17 + 4 =		44.	28 + 9 =	

Leçon 10 : Utiliser des dessins mathématiques pour représenter des additions avec jusqu'à deux compositions et relier les dessins à l'algorithme d'addition.

B

Nombre correct : _____

Amélioration : _____

Addition en croisant des dizaines

1.	9 + 1 =		23.	19 + 5 =	
2.	19 + 1 =		24.	29 + 5 =	
3.	39 + 1 =		25.	17 + 7 =	
4.	6 + 4 =		26.	27 + 7 =	
5.	16 + 4 =		27.	19 + 6 =	
6.	36 + 4 =		28.	19 + 7 =	
7.	9 + 2 =		29.	29 + 6 =	
8.	19 + 2 =		30.	29 + 7 =	
9.	29 + 2 =		31.	17 + 8 =	
10.	7 + 4 =		32.	17 + 9 =	
11.	17 + 4 =		33.	27 + 8 =	
12.	27 + 4 =		34.	27 + 9 =	
13.	19 + 3 =		35.	12 + 9 =	
14.	29 + 3 =		36.	14 + 8 =	
15.	17 + 5 =		37.	16 + 7 =	
16.	27 + 5 =		38.	28 + 6 =	
17.	19 + 4 =		39.	26 + 8 =	
18.	29 + 4 =		40.	24 + 8 =	
19.	17 + 6 =		41.	13 + 8 =	
20.	27 + 6 =		42.	24 + 9 =	
21.	18 + 3 =		43.	29 + 8 =	
22.	26 + 5 =		44.	18 + 9 =	

Leçon 10 : Utiliser des dessins mathématiques pour représenter des additions avec jusqu'à deux compositions et relier les dessins à l'algorithme d'addition.

Copyright © Great Minds PBC

A

Nombre correct : _____

Addition de compensation

1.	98 + 3 =		23.	99 + 12 =	
2.	98 + 4 =		24.	99 + 23 =	
3.	98 + 5 =		25.	99 + 34 =	
4.	98 + 8 =		26.	99 + 45 =	
5.	98 + 6 =		27.	99 + 56 =	
6.	98 + 9 =		28.	99 + 67 =	
7.	98 + 7 =		29.	99 + 78 =	
8.	99 + 2 =		30.	35 + 99 =	
9.	99 + 3 =		31.	45 + 98 =	
10.	99 + 4 =		32.	46 + 99 =	
11.	99 + 9 =		33.	56 + 98 =	
12.	99 + 6 =		34.	67 + 99 =	
13.	99 + 8 =		35.	77 + 98 =	
14.	99 + 5 =		36.	68 + 99 =	
15.	99 + 7 =		37.	78 + 98 =	
16.	98 + 13 =		38.	99 + 95 =	
17.	98 + 24 =		39.	93 + 99 =	
18.	98 + 35 =		40.	99 + 95 =	
19.	98 + 46 =		41.	94 + 99 =	
20.	98 + 57 =		42.	98 + 96 =	
21.	98 + 68 =		43.	94 + 98 =	
22.	98 + 79 =		44.	98 + 88 =	

Leçon 12 Sprint : Choisir et expliquer les stratégies de solution et les consigner avec une méthode d'addition écrite.

Leçon 12 Sprint

B

Nombre correct : _____

Amélioration : _____

Addition de compensation

1.	99 + 2 =	
2.	99 + 3 =	
3.	99 + 4 =	
4.	99 + 8 =	
5.	99 + 6 =	
6.	99 + 9 =	
7.	99 + 5 =	
8.	99 + 7 =	
9.	98 + 3 =	
10.	98 + 4 =	
11.	98 + 5 =	
12.	98 + 9 =	
13.	98 + 7 =	
14.	98 + 8 =	
15.	98 + 6 =	
16.	99 + 12 =	
17.	99 + 23 =	
18.	99 + 34 =	
19.	99 + 45 =	
20.	99 + 56 =	
21.	99 + 67 =	
22.	99 + 78 =	

23.	98 + 13 =	
24.	98 + 24 =	
25.	98 + 35 =	
26.	98 + 46 =	
27.	98 + 57 =	
28.	98 + 68 =	
29.	98 + 79 =	
30.	25 + 99 =	
31.	35 + 98 =	
32.	36 + 99 =	
33.	46 + 98 =	
34.	57 + 99 =	
35.	67 + 98 =	
36.	78 + 99 =	
37.	88 + 98 =	
38.	99 + 93 =	
39.	95 + 99 =	
40.	99 + 97 =	
41.	92 + 99 =	
42.	98 + 94 =	
43.	96 + 98 =	
44.	98 + 86 =	

UNE HISTOIRE D'UNITÉS Leçon 14 Ensemble A d'exercices de maîtrise de base 2•5

Nom _____ Date _____

1.	10 + 2 =	21.	2 + 9 =
2.	10 + 5 =	22.	4 + 8 =
3.	10 + 1 =	23.	5 + 9 =
4.	8 + 10 =	24.	6 + 6 =
5.	7 + 10 =	25.	7 + 5 =
6.	10 + 3 =	26.	5 + 8 =
7.	12 + 2 =	27.	8 + 3 =
8.	14 + 3 =	28.	6 + 8 =
9.	15 + 4 =	29.	4 + 6 =
10.	17 + 2 =	30.	7 + 6 =
11.	13 + 5 =	31.	7 + 4 =
12.	14 + 4 =	32.	7 + 9 =
13.	16 + 3 =	33.	7 + 7 =
14.	11 + 7 =	34.	8 + 6 =
15.	9 + 2 =	35.	6 + 9 =
16.	9 + 9 =	36.	8 + 5 =
17.	6 + 9 =	37.	4 + 7 =
18.	8 + 9 =	38.	3 + 9 =
19.	7 + 8 =	39.	8 + 6 =
20.	8 + 8 =	40.	9 + 4 =

Leçon 14 : Utiliser des dessins mathématiques pour représenter la soustraction avec jusqu'à deux décompositions, relier les dessins à l'algorithme, et utiliser l'addition pour expliquer pourquoi la méthode de soustraction fonctionne.

Copyright © Great Minds PBC

UNE HISTOIRE D'UNITÉS Leçon 14 Ensemble B d'exercices de maîtrise de base 2•5

Nom _____ Date _____

1.	10 + 7 =	21.	5 + 8 =
2.	9 + 10 =	22.	6 + 7 =
3.	2 + 10 =	23.	____ + 4 = 12
4.	10 + 5 =	24.	____ + 7 = 13
5.	11 + 3 =	25.	6 + ____ = 14
6.	12 + 4 =	26.	7 + ____ = 14
7.	16 + 3 =	27.	____ = 9 + 8
8.	15 + ____ = 19	28.	____ = 7 + 5
9.	18 + ____ = 20	29.	____ = 4 + 8
10.	13 + 5 =	30.	3 + 9 =
11.	____ = 4 + 13	31.	6 + 7 =
12.	____ = 6 + 12	32.	8 + ____ = 13
13.	____ = 14 + 6	33.	____ = 7 + 9
14.	9 + 3 =	34.	6 + 6 =
15.	7 + 9 =	35.	____ = 7 + 5
16.	____ + 4 = 11	36.	____ = 4 + 8
17.	____ + 6 = 13	37.	15 = 7 + ____
18.	____ + 5 = 12	38.	18 = ____ + 9
19.	8 + 8 =	39.	16 = ____ + 7
20.	6 + 9 =	40.	19 = 9 + ____

Leçon 14 : Utiliser des dessins mathématiques pour représenter la soustraction avec jusqu'à deux décompositions, relier les dessins à l'algorithme, et utiliser l'addition pour expliquer pourquoi la méthode de soustraction fonctionne.

Copyright © Great Minds PBC

Leçon 14 Ensemble C d'exercices de maîtrise de base

Nom _____ Date _____

1.	15 − 5 =	21.	15 − 7 =
2.	16 − 6 =	22.	18 − 9 =
3.	17 − 10 =	23.	16 − 8 =
4.	12 − 10 =	24.	15 − 6 =
5.	13 − 3 =	25.	17 − 8 =
6.	11 − 10 =	26.	14 − 6 =
7.	19 − 9 =	27.	16 − 9 =
8.	20 − 10 =	28.	13 − 8 =
9.	14 − 4 =	29.	12 − 5 =
10.	18 − 11 =	30.	11 − 2 =
11.	11 − 2 =	31.	11 − 3 =
12.	12 − 3 =	32.	13 − 8 =
13.	14 − 2 =	33.	16 − 7 =
14.	13 − 4 =	34.	12 − 7 =
15.	11 − 3 =	35.	16 − 3 =
16.	12 − 4 =	36.	19 − 14 =
17.	13 − 2 =	37.	17 − 4 =
18.	14 − 5 =	38.	18 − 16 =
19.	11 − 4 =	39.	15 − 11 =
20.	12 − 5 =	40.	20 − 16 =

Leçon 14 : Utiliser des dessins mathématiques pour représenter la soustraction avec jusqu'à deux décompositions, relier les dessins à l'algorithme, et utiliser l'addition pour expliquer pourquoi la méthode de soustraction fonctionne.

Nom _____ Date _____

1.	12 − 2 =	21.	13 − 6 =
2.	15 − 10 =	22.	15 − 9 =
3.	17 − 11 =	23.	18 − 7 =
4.	12 − 10 =	24.	14 − 8 =
5.	18 − 12 =	25.	17 − 9 =
6.	16 − 13 =	26.	12 − 9 =
7.	19 − 9 =	27.	13 − 8 =
8.	20 − 10 =	28.	15 − 7 =
9.	14 − 12 =	29.	16 − 8 =
10.	13 − 3 =	30.	14 − 7 =
11.	____ = 11 − 2	31.	13 − 9 =
12.	____ = 13 − 2	32.	17 − 8 =
13.	____ = 12 − 3	33.	16 − 7 =
14.	____ = 11 − 4	34.	____ = 13 − 5
15.	____ = 13 − 4	35.	____ = 15 − 8
16.	____ = 14 − 4	36.	____ = 18 − 9
17.	____ = 11 − 3	37.	____ = 20 − 6
18.	15 − 6 =	38.	____ = 20 − 18
19.	16 − 8 =	39.	____ = 20 − 3
20.	12 − 5 =	40.	____ = 20 − 11

Leçon 14 : Utiliser des dessins mathématiques pour représenter la soustraction avec jusqu'à deux décompositions, relier les dessins à l'algorithme, et utiliser l'addition pour expliquer pourquoi la méthode de soustraction fonctionne.

| UNE HISTOIRE D'UNITÉS | Leçon 14 Ensemble E d'exercices de maîtrise de base | 2•5 |

Nom _____ Date _____

1.	12 + 2 =	21.	13 − 7 =
2.	14 + 5 =	22.	11 − 8 =
3.	18 + 2 =	23.	16 − 8 =
4.	11 + 7 =	24.	12 + 6 =
5.	9 + 6 =	25.	13 + 2 =
6.	7 + 8 =	26.	9 + 11 =
7.	4 + 7 =	27.	6 + 8 =
8.	13 − 6 =	28.	7 + 9 =
9.	12 − 8 =	29.	5 + 7 =
10.	17 − 9 =	30.	13 − 7 =
11.	14 − 6 =	31.	15 − 8 =
12.	16 − 7 =	32.	11 − 9 =
13.	8 + 8 =	33.	12 − 3 =
14.	7 + 6 =	34.	14 − 5 =
15.	4 + 9 =	35.	20 − 12 =
16.	5 + 7 =	36.	8 + 5 =
17.	6 + 5 =	37.	7 + 4 =
18.	13 − 8 =	38.	7 + 8 =
19.	16 − 9 =	39.	4 + 9 =
20.	14 − 8 =	40.	9 + 11 =

Leçon 14 : Utiliser des dessins mathématiques pour représenter la soustraction avec jusqu'à deux décompositions, relier les dessins à l'algorithme, et utiliser l'addition pour expliquer pourquoi la méthode de soustraction fonctionne.

Copyright © Great Minds PBC

A

Nombre correct : _____

Soustraction de nombres de dix à dix-neuf

1.	11 − 10 =		23.	19 − 9 =	
2.	12 − 10 =		24.	15 − 6 =	
3.	13 − 10 =		25.	15 − 7 =	
4.	19 − 10 =		26.	15 − 9 =	
5.	11 − 1 =		27.	20 − 10 =	
6.	12 − 2 =		28.	14 − 5 =	
7.	13 − 3 =		29.	14 − 6 =	
8.	17 − 7 =		30.	14 − 7 =	
9.	11 − 2 =		31.	14 − 9 =	
10.	11 − 3 =		32.	15 − 5 =	
11.	11 − 4 =		33.	17 − 8 =	
12.	11 − 8 =		34.	17 − 9 =	
13.	18 − 8 =		35.	18 − 8 =	
14.	13 − 4 =		36.	16 − 7 =	
15.	13 − 5 =		37.	16 − 8 =	
16.	13 − 6 =		38.	16 − 9 =	
17.	13 − 8 =		39.	17 − 10 =	
18.	16 − 6 =		40.	12 − 8 =	
19.	12 − 3 =		41.	18 − 9 =	
20.	12 − 4 =		42.	11 − 9 =	
21.	12 − 5 =		43.	15 − 8 =	
22.	12 − 9 =		44.	13 − 7 =	

Leçon 16 : Soustraire des multiples de 100 et des nombres avec zéro à la place des dizaines.

B

Nombre correct : _____

Amélioration : _____

Soustraction de nombres de dix à dix-neuf

1.	11 − 1 =		23.	16 − 6 =	
2.	12 − 2 =		24.	14 − 5 =	
3.	13 − 3 =		25.	14 − 6 =	
4.	18 − 8 =		26.	14 − 7 =	
5.	11 − 10 =		27.	14 − 9 =	
6.	12 − 10 =		28.	20 − 10 =	
7.	13 − 10 =		29.	15 − 6 =	
8.	18 − 10 =		30.	15 − 7 =	
9.	11 − 2 =		31.	15 − 9 =	
10.	11 − 3 =		32.	14 − 4 =	
11.	11 − 4 =		33.	16 − 7 =	
12.	11 − 7 =		34.	16 − 8 =	
13.	19 − 9 =		35.	16 − 9 =	
14.	12 − 3 =		36.	20 − 10 =	
15.	12 − 4 =		37.	17 − 8 =	
16.	12 − 5 =		38.	17 − 9 =	
17.	12 − 8 =		39.	16 − 10 =	
18.	17 − 7 =		40.	18 − 9 =	
19.	13 − 4 =		41.	12 − 9 =	
20.	13 − 5 =		42.	13 − 7 =	
21.	13 − 6 =		43.	11 − 8 =	
22.	13 − 9 =		44.	15 − 8 =	

Leçon 16 : Soustraire des multiples de 100 et des nombres avec zéro à la place des dizaines.

A

Nombre correct : _____

Soustraction en croisant une dizaine

1.	10 - 1 =		23.	21 - 6 =	
2.	10 - 2 =		24.	91 - 6 =	
3.	20 - 2 =		25.	10 - 7 =	
4.	40 - 2 =		26.	11 - 7 =	
5.	10 - 2 =		27.	31 - 7 =	
6.	11 - 2 =		28.	10 - 8 =	
7.	21 - 2 =		29.	11 - 8 =	
8.	51 - 2 =		30.	41 - 8 =	
9.	10 - 3 =		31.	10 - 9 =	
10.	11 - 3 =		32.	11 - 9 =	
11.	21 - 3 =		33.	51 - 9 =	
12.	61 - 3 =		34.	12 - 3 =	
13.	10 - 4 =		35.	82 - 3 =	
14.	11 - 4 =		36.	13 - 5 =	
15.	21 - 4 =		37.	73 - 5 =	
16.	71 - 4 =		38.	14 - 6 =	
17.	10 - 5 =		39.	84 - 6 =	
18.	11 - 5 =		40.	15 - 8 =	
19.	21 - 5 =		41.	95 - 8 =	
20.	81 - 5 =		42.	16 - 7 =	
21.	10 - 6 =		43.	46 - 7 =	
22.	11 - 6 =		44.	68 - 9 =	

UNE HISTOIRE D'UNITÉS   Leçon 17 Sprint   2•5

Leçon 17 : Soustraire des multiples de 100 et des nombres avec zéro à la place des dizaines.

Leçon 17 Sprint 2•5

B

Nombre correct : _____

Amélioration : _____

Soustraction en croisant une dizaine

1.	10 - 2 =	
2.	20 - 2 =	
3.	30 - 2 =	
4.	50 - 2 =	
5.	10 - 2 =	
6.	11 - 2 =	
7.	21 - 2 =	
8.	61 - 2 =	
9.	10 - 3 =	
10.	11 - 3 =	
11.	21 - 3 =	
12.	71 - 3 =	
13.	10 - 4 =	
14.	11 - 4 =	
15.	21 - 4 =	
16.	81 - 4 =	
17.	10 - 5 =	
18.	11 - 5 =	
19.	21 - 5 =	
20.	91 - 5 =	
21.	10 - 6 =	
22.	11 - 6 =	

23.	21 - 6 =	
24.	41 - 6 =	
25.	10 - 7 =	
26.	11 - 7 =	
27.	51 - 7 =	
28.	10 - 8 =	
29.	11 - 8 =	
30.	61 - 8 =	
31.	10 - 9 =	
32.	11 - 9 =	
33.	31 - 9 =	
34.	12 - 3 =	
35.	92 - 3 =	
36.	13 - 5 =	
37.	43 - 5 =	
38.	14 - 6 =	
39.	64 - 6 =	
40.	15 - 8 =	
41.	85 - 8 =	
42.	16 - 7 =	
43.	76 - 7 =	
44.	58 - 9 =	

Leçon 17 : Soustraire des multiples de 100 et des nombres avec zéro à la place des dizaines.

Crédits

Great Minds® a fait tout son possible pour obtenir l'autorisation de réimprimer tout le matériel protégé par des droits d'auteur. Si un propriétaire de matériel protégé par des droits d'auteur n'est pas mentionné dans le présent document, veuillez contacter Great Minds pour qu'il soit dûment mentionné dans toutes les éditions et réimpressions futures de ce module.

Printed by Libri Plureos GmbH in Hamburg, Germany